职业教育任务引领型规划教材

钢筋混凝土结构平法施工图识读

李月辉　姜　波　主　编
　　　　崔葛芹　副主编
董学军　罗　辉　主　审

中国建筑工业出版社

图书在版编目（CIP）数据

钢筋混凝土结构平法施工图识读/李月辉，姜波主编. —北
京：中国建筑工业出版社，2019.9（2023.8重印）
职业教育任务引领型规划教材
ISBN 978-7-112-24055-5

Ⅰ.①钢… Ⅱ.①李… ②姜… Ⅲ.①钢筋混凝土结构-建
筑制图-识图-职业教育-教材 Ⅳ.①TU204.21

中国版本图书馆 CIP 数据核字（2019）第 167771 号

　　"钢筋混凝土结构平法施工图识读"是职业教育工程造价专业、建筑施工专业及相关专业教学的专业核心课程。本教材根据职业院校教育特点，结合 16G101 标准施工图集，通过施工图、工程图纸、综合实训等手段，系统地讲授平法施工图识读的相关知识。

　　本教材主要内容包括：钢筋混凝土结构识图基本知识、基础平法施工图识读、柱平法施工图识读、剪力墙平法施工图识读、梁平法施工图识读、板平法施工图识读、楼梯平法施工图识读、综合实训。

　　本教材可作为职业教育工程造价、建筑施工及相关专业的教材，也可供行业从业人员学习、参考。

　　为更好地支持相应课程的教学，我们向采用本书作为教材的教师提供教学课件，有需要者可与出版社联系，邮箱：jckj@cabp.com.cn，电话：01058337285，建工书院 http://edu.cabplink.com。

责任编辑：张　晶　吴越恺
责任校对：李欣慰

职业教育任务引领型规划教材
钢筋混凝土结构平法施工图识读
李月辉　姜　波　主　编
崔葛芹　副主编
董学军　罗　辉　主　审

*

中国建筑工业出版社出版、发行（北京海淀三里河路9号）
各地新华书店、建筑书店经销
北京红光制版公司制版
北京圣夫亚美印刷有限公司印刷

*

开本：787×1092毫米　1/16　印张：14¾　插页：16　字数：360千字
2020年3月第一版　2023年8月第五次印刷
定价：**46.00**元（赠教师课件）
ISBN 978-7-112-24055-5
（34556）

前　言

钢筋混凝土结构施工图识读是中等职业教育、高等职业教育工程造价专业和建筑工程施工专业的一门专业核心课程，是学生未来从事建筑相关专业如建筑工程施工、建筑工程监理、建筑工程造价等工作所必须具备的核心技能。

本教材结合职业院校学生的认知特点，在培养学生建筑结构识图的专业能力的基础上，以实际的施工图为载体，以任务为引领，以学生为主体，着重培养学生综合职业能力，为职业院校相关专业提供适用的创新教材。

本教材突出的特点如下：

（1）每个任务遵循由浅入深，由单一到综合的循序渐进的组织方式。根据职业院校学生的认知特点，采用大量的三维立体图片和工程实例图片，同时辅以梁、板、柱钢筋动画，把难以理解的平面问题转化为空间形态，图文并茂，直观易懂。

（2）构造详图部分总结归类，更为明了清晰。同时针对构造详图的难点问题（如梁上部钢筋的连接问题、墙柱插筋的设置、边柱和角柱的柱顶钢筋锚固问题等）进行归纳解析，简单提炼，并辅以三维立体图片和工程实例图片，力求通俗易懂。有利于提高学生的学习效率和学习效果。

（3）每个任务都设置了知识拓展和能力拓展，加强学生的基本读图能力和综合能力的培养，为后续专业课的学习和今后的工作奠定基础。

能力拓展部分以任务为主线，以实际工程的施工图为载体，理论联系实际，在做中学，在做中教。着重培养学生的综合职业能力，实现工长负责现场化、技术负责教师化。学习能力一般的同学，重点在于读图的基本能力的加强；学习能力强、主观能动性强的同学在承担工长和技术负责人任务后，指导带动本施工队的施工，同时负责辅导本施工队学习程度落后的同学进行学习，进一步加强他们的组织能力、协调能力和语言表达能力，从而提高其综合职业能力。最终达到优秀者更加优秀、平凡者更加努力、后进者更加进步。

（4）每个任务实训和项目8的综合实训的设置，方便学生自测和教师考核。

（5）执行最新的现行国家规范、标准和相关图集：

《混凝土结构设计规范》GB 50010—2010（2015年局部修订）；《建筑抗震设计规范》GB 50011—2010（2016年版）；《混凝土结构工程施工规范》GB 50666—2011；《混凝土结构施工图平面整体表示方法制图规则和构造详图》（16G101-1、2、3）；《混凝土结构施工钢筋排布规则与构造详图》（18G901-1、2、3）；《建筑结构可靠性设计统一标准》GB 50068—2018；《建筑地基基础设计规范》GB 50007—2011等。

本教材由河北城乡建设学校的一线骨干教师编写，其中任务1由尚敏（正高级讲师）编写；任务2独立基础和条形基础部分由崔葛芹（高级讲师）编写；任务3由刘晓立（高级讲师）编写；任务2筏形基础部分、任务4和任务5由李月辉（高级讲师）编写；任务6和任务8由姜波（高级讲师）编写；任务7由刘宇（工程师）编写。李月辉、姜波任主编，崔葛芹任副主编，河北城乡建设学校董学军（正高级工程师）和中钢石家庄工程设计研究院有限公司罗辉（正高级工程师）为主审，参与编写的还有河北城乡建设学校胡静惠（讲师）、中钢石家庄工程设计研究院有限公司罗琦（工程师），在此一并表示感谢。

由于编者水平有限，书中难免有疏漏和不足之处，敬请读者多提宝贵意见并予以指正。

目录
CONTENTS

钢筋混凝土结构识图基本知识

【目标描述】

通过本任务的学习，学生能够：

(1) 熟悉建筑结构的基本概念、分类以及常见的多高层结构体系。

(2) 了解建筑结构设计理论——作用、荷载、设计基准期等。

(3) 了解结构材料的强度等级——钢材、混凝土材料等。

(4) 熟悉抗震的设防类别、设防目标、设防烈度和抗震等级。

(5) 了解构件类型及配筋。

(6) 熟悉钢筋基本构造要求——保护层、锚固、连接等。

(7) 熟悉钢筋混凝土结构施工图的图示方法。

1.1 建筑结构体系

1.1.1 建筑结构的分类

建筑结构是由梁、板、墙、柱、基础等基本构件，按照一定的组成规则，通过正确的连接方式所组成的，能够承受并传递荷载和其他间接作用的体系。

建筑结构分类方法有多种，一般可按照结构所用材料、承重结构类型、施工方法、使用功能等进行分类。

1. 按结构所用材料分类（表 1-1）

按结构所用材料分类 表 1-1

类型	特性	优点	缺点
混凝土结构	素混凝土结构、钢筋混凝土结构、预应力混凝土结构等。钢筋混凝土结构应用最广泛	强度高、整体性好、耐久性好、耐火性好、可模性好、易于就地取材	自重大、抗裂性差、施工环节多、工期长
砌体结构	砖砌体、石砌体和砌块砌体结构	就地取材、耐火耐久、保温、施工简单、造价低	强度低、整体性差、自重大、劳动强度高
钢结构	钢板、型钢通过有效连接而成，常用于厂房及高层建筑	强度高、自重轻、材质均匀、可靠性好、施工简单、工期短、抗震性能好	易腐蚀、耐火性差、造价高、维护费用高
木结构	全部或大部分用木材制作的结构，常用于古建、园林等	舒适、美观、绿色无污染	伐木不利环保、易燃、易腐、变形大

2. 按承重结构类型分类（表 1-2）

按承重结构类型分类 表 1-2

类型	特征	适用
砖混结构	墙承重体系。竖向构件采用砌体，水平构件多采用钢筋混凝土	单层或多层民用建筑，见图 1-1
框架结构	梁和柱以刚接相连而构成承重体系。柔性结构，平面布置灵活、整体性抗震性好	厂房或多、高层民用建筑
剪力墙结构	内外墙做成实体钢筋混凝土墙体，剪力墙承受竖向和水平作用，侧向刚度大	住宅、旅馆等小开间的 30 层左右高层建筑，见图 1-1
框架-剪力墙结构	框架结构的适当位置的柱之间布置一定厚度钢筋混凝土墙体。空间大、刚度较大	20 层左右的高层建筑
筒体结构	单个或多个筒体组成的空间结构体系。有框架－筒体、筒中筒、组合筒三种形式	超高层建筑，见图 1-1
排架结构	屋架、柱、基础组成。柱与屋架铰接，与基础刚接。多采用装配式，钢或钢混凝土材质	单层工业厂房
空间结构	桁架（空间桁架即网架）结构、悬索结构、空间薄壳结构、膜结构、拱结构、深梁结构等	大跨度桥梁或建筑

3. 按其他方法分类（表 1-3）

按其他方法分类 表 1-3

按使用功能分	建筑结构（住宅、公共建筑、工业建筑）、特种结构（烟囱、水塔、水池、筒仓、挡土墙）、地下结构（隧道、涵洞、人防工事）等
按外形分	单层、多层、高层、大跨度、高耸结构等
按施工方法分	现浇结构、装配式、装配整体式、预应力结构等

(a)

(b)

(c)

图 1-1 部分结构类型示例

(a) 砖混结构；(b) 剪力墙结构；(c) 筒体结构

1.1.2 多高层结构体系

我国《高层建筑混凝土结构技术规程》JGJ 3—2010 将高层建筑定义为 10 层及 10 层以上或房屋高度大于 28m 的住宅建筑以及房屋高度大于 24m 的其他民用高层建筑。2～9 层且高度不大于 28m 的为多层建筑。

1. 框架结构体系

框架结构体系是利用梁柱组成的纵横两个方向的框架形成的结构体系。它同时承受竖向荷载和水平荷载，如图 1-2 所示。

其主要优点是建筑平面布置灵活，可形成较大的建筑空间，建筑立面处理比较方便。主要缺点是横向刚度小，当层数较多时，会产生过大的侧移，易引起非结构性构件（如隔墙，装饰等）破坏进而影响使用。

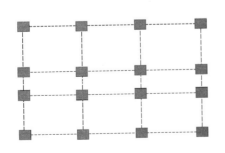

图 1-2 框架结构体系

3

2. 剪力墙结构体系

剪力墙结构体系，是采用钢筋混凝土墙体作为承受水平荷载和竖向荷载的结构体系。

剪力墙结构的刚度大，空间整体性好，有较好的抗震性能，房间内不外露梁、柱棱角，便于室内布置，方便使用；其不足之处是结构自重大，开间小，是高层住宅最常用的一种结构形式，如图1-3所示。

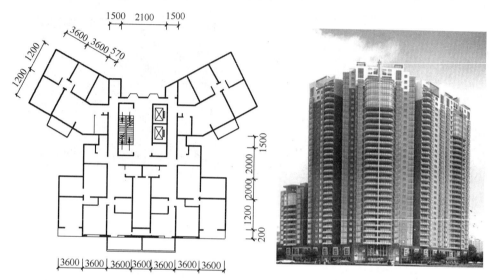

图1-3 剪力墙结构体系

3. 框架-剪力墙结构体系

框架—剪力墙结构也称框剪结构，是在框架结构中布置一定数量的剪力墙的结构形式。这种结构既具有框架结构布置灵活、使用方便的特点，又有较大的刚度和较强的抗震能力，因而广泛应用于高层办公建筑和民用建筑中，如图1-4所示。

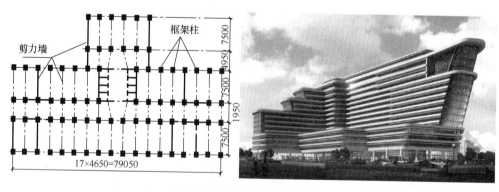

图1-4 框架-剪力墙结构体系

4. 筒结构体系

筒体结构是由一个或几个密柱形筒体或剪力墙构成高耸空间抗侧力及承重结构的高层建筑。

筒体结构体系在现代高层建筑中广泛应用，筒体结构建筑的特点是不仅能承受竖向荷载，而且能承受很大的水平荷载。目前世界上的高层建筑多是筒体结构，如图 1-5 所示。

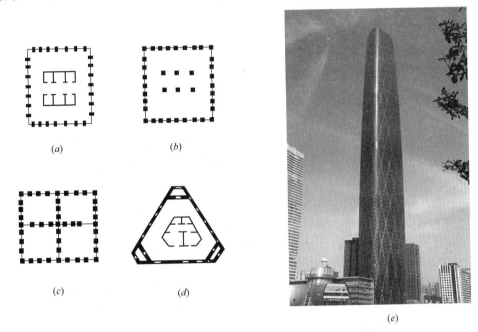

图 1-5　筒体结构体系

(*a*) 筒中筒结构；(*b*) 框筒结构；(*c*) 成束筒结构；(*d*) 多筒体结构；(*e*) 筒体建筑实例

【训练 1】

1. 建筑结构有几种分类方法？按制作材料和承重结构类型如何进行分类？

2. 钢筋混凝土多高层房屋常用的结构体系有哪些？

1.2　结构设计的基本指标

1.2.1　建筑结构荷载

建筑结构在施工和使用期间，要承受各种作用。使结构产生内力、变形或裂缝等效应的原因称为作用，分为直接作用和间接作用。

直接作用是指以力的形式施加在结构上的荷载，如结构自重、土压力、物品及人群重量、风压力、雪压力等。间接作用是指能够引起结构外加变形或约束变形的各种原因，如温度变化、材料的收缩、地基沉降、地震作用等。

按随时间的变异，建筑结构的荷载可分为以下三类：

（1）永久荷载（恒荷载）

是指在结构使用期间，其值不随时间变化或变化很小可忽略不计，如结构自重、土压力、预应力等。

（2）可变荷载（活荷载）

是指在结构使用期间，其值随时间发生变化，如楼面、屋面活荷载和积灰荷载、吊车荷载、风荷载、雪荷载、温度作用等。

（3）偶然荷载

是指在结构使用期间不一定出现，但一旦出现，其值很大且持续时间很短，如爆炸力、撞击力等。而地震属于偶然的间接作用，不是偶然荷载。

各种荷载的代表值一般按《建筑结构荷载规范》GB 50009—2012 确定。

在结构设计时，根据不同极限状态的要求，对荷载采用不同的代表值，永久荷载都采用标准值（设计基准期内可能出现的最大值）；可变荷载可能采用标准值，也可能根据荷载作用情况或组合情况采取折减后的代表值。

1.2.2 结构的功能要求

建筑结构在设计使用年限内必须满足的三大功能要求：安全性、适用性和耐久性，合称为结构可靠性。

（1）安全性

安全性指结构在正常施工和正常使用条件下，能承受可能出现的各种作用，以及在偶然作用发生时和发生后，结构仍能保持必需的整体稳定性，即结构仅产生局部破坏而不致发生连续倒塌。

（2）适用性

适用性指结构在正常使用条件下，具有良好的工作性能。如不发生影响使用的过大变形或振幅，不产生过宽的裂缝。

（3）耐久性

耐久性指结构在正常维护条件下，能够正常使用到预定的设计使用年限。如混凝土不发生严重风化、腐蚀，钢筋不发生严重锈蚀等。

1.2.3 设计基准期与设计使用年限

设计基准期：为确定可变荷载代表值所选用的时间参数，一般取 50 年。

设计使用年限：是设计规定的一个时期，在这一规定的时期内，只需要进行正常的维护而不需进行大修就能按预期目的使用，完成预定的功能，即房屋建筑在正常设计、正常施工、正常使用和维护下所应达到的使用年限，见表 1-4。

设计使用年限 表 1-4

类别	设计使用年限	举　例
1	1~5	临时性建筑

续表

类别	设计使用年限	举 例
2	25	易于替换的结构构件
3	50	普通房屋和构筑物
4	100 及以上	纪念性建筑和特别重要的建筑结构

我国《住宅建筑规范》GB 50368—2005 规定：住宅结构的设计使用年限不应少于 50 年，其安全等级不应低于二级。

1.2.4 建筑结构的安全等级

现行国家标准《建筑结构可靠性设计统一标准》GB 50068—2018 规定，工程结构设计时，应根据结构破坏可能产生的后果的严重性，采用表 1-5 规定的安全等级。

建筑结构的安全等级   表 1-5

安全等级	破坏后果	举 例
一级	很严重	大型的公共建筑等
二级	严重	普通的住宅和办公楼等
三级	不严重	小型或临时性存储建筑等

【训练 2】

1. 按随时间的变异，建筑结构的荷载如何进行分类？
2. 建筑结构在设计使用年限内必须满足的三大功能要求是什么？
3. 什么是设计基准期和设计使用年限？一般的工业与民用建筑设计基准期是多少年？

1.3 钢筋混凝土结构的主要材料

1.3.1 混凝土

混凝土是由水泥、砂、石子和水按一定比例拌合，经搅拌、成型、养护后凝固而成的水泥石。其受压性能好，但抗拉能力和抗剪能力差，容易开裂。

混凝土强度等级按立方体抗压强度标准值 $f_{cu,k}$ 确定。

立方体抗压强度的测定：取边长为 150mm 的标准立方体试件，在标准条件下（温度为 $20\pm1℃$，湿度 95%）养护 28 天，以标准试验方法测得的具有 95% 保证率的抗压强度值 $f_{cu,k}$（单位 MPa）。

按照《混凝土结构设计规范》GB 50010—2010 规定，普通混凝土划分为十四个等级，即：C15，C20，C25，C30，C35，C40，C45，C50，C55，C60，C65，C70，C75，C80。

7

1.3.2 钢材

1. 钢材

在混凝土结构中采用的钢材主要有碳素结构钢和低合金高强度结构钢两种。牌号由代表屈服点的字母"Q"、屈服点数值（N/mm²）、质量等级符号和脱氧方法符号四部分组成。

例如：Q235-Ab 表示屈服强度为 235N/mm² 的质量 A 级半镇静碳素钢；

Q345B 表示屈服强度为 345N/mm² 的质量 B 级低合金高强钢；

Q390E 表示屈服强度为 390N/mm² 的质量 E 级低合金高强钢。

2. 钢筋

1）按工艺分为：①热轧钢筋；②冷轧钢筋；③冷轧扭钢筋；④冷拉钢筋；⑤热处理钢筋；⑥余热处理钢筋。

2）按外形分为：①光圆钢筋 P（Plain），如 HPB300；②带肋钢筋 R（Ribbed），如 HRB400。

3）按化学成分分为：碳素结构钢钢筋和低合金高强度结构钢钢筋。

钢筋混凝土结构中所用钢筋应具有较高的强度和良好的塑性，便于加工和焊接，并应与混凝土之间具有足够的黏结力。工程常选用热轧钢筋，热轧钢筋的外形如图 1-6 所示；热轧钢筋的牌号及性能见表 1-6。

热轧钢筋牌号及性能　　　　　　　　　　　　　　　　　表 1-6

钢筋牌号	符号	屈服强度标准值 f_{yk}（N/mm²）	极限强度标准值 f_{stk}（N/mm²）	抗拉强度设计值 f_y（N/mm²）	抗压强度设计值 f'_y（N/mm²）	公称直径 d（mm）
HPB300	Φ	300	420	270	270	6～14
HRB335	Φ	335	455	300	300	6～14
HRB400 HRBF400 RRB400	Φ ΦF ΦR	400	540	360	360	6～50
HRB500 HRBF500	Φ ΦF	500	630	435	435	6～50

注：《混凝土结构设计规范》GB 50010—2010（2015 年局部修订）取消了 HRBF335 级钢筋。

   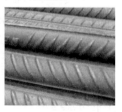

（a）　　　　　　　　（b）　　　　　　　　（c）　　　　　　　　（d）

图 1-6　热轧钢筋的外形

（a）光圆钢筋；（b）螺旋纹钢筋；（c）人字纹钢筋；（d）月牙纹钢筋

【训练 3】

1. 什么是混凝土? 建筑用混凝土如何进行分级?

2. 钢筋混凝土结构中常用的热轧钢筋种类有哪些? 其在图纸上的表示符号分别是什么?

1.4 建筑结构抗震基本知识

1.4.1 地震的基本概念

(1) 地震

地震又称地动、地振动,是地壳快速释放能量过程中造成的振动,期间会产生地震波的一种自然现象。地球上板块与板块之间相互挤压碰撞,造成板块边沿及板块内部产生错动和破裂,是引起地震的主要原因。

(2) 震源

地震开始发生的地点称为震源。

(3) 震中

震源正上方的地面位置。

(4) 震中距

观察点到震中的地球球面距离。

(5) 震源深度

震中与震源之间的垂直距离,如图 1-7 所示。

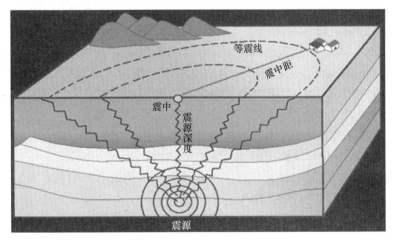

图 1-7 地震的名词术语

(6) 震级

震级是衡量地震本身大小的尺度,由地震所释放出来的能量大小来决定,一次地震只有一个震级。目前国际通用的地震震级标准为里氏震级,用字母"M"表示。

(7) 烈度

9

表示同一次地震在地震波及的各个地点所造成的影响的程度，与震源深度、震中距、方位角、地质构造以及土壤性质等许多因素有关。一次地震震级只有一个，但是会有多个烈度，我国现行的地震烈度表采用12等级的地震烈度划分。

（8）抗震设防烈度

指按国家规定的权限批准、作为一个地区抗震设防依据的地震烈度。一般情况，取50年内超越概率10％的地震烈度。其取值见《建筑抗震设计规范》GB 50011—2010（2016年版）。

对抗震设防烈度为6度及以上地区的建筑，必须进行抗震设计。

1.4.2　抗震设防标准和设防目标

1. 抗震设防分类

建筑工程应分为以下四个抗震设防类别：

1）特殊设防类：指使用上有特殊设施，涉及国家公共安全的重大建筑工程和地震时可能发生严重次生灾害等特别重大灾害后果，需要进行特殊设防的建筑，简称甲类。

2）重点设防类：指地震时使用功能不能中断或需尽快恢复的生命线相关建筑，以及地震时可能导致大量人员伤亡等重大灾害后果，需要提高设防标准的建筑，简称乙类。

3）标准设防类：指大量的除1、2、4款以外按标准要求进行设防的建筑，简称丙类。

4）适度设防类：指使用上人员稀少且震损不致产生次生灾害，允许在一定条件下适度降低要求的建筑，简称丁类。

2. 抗震设防目标

抗震设防目标是指建筑结构遭遇不同水准的地震影响时，对结构、构件、使用功能、设备的损坏程度及人身安全的总要求。我国《建筑抗震设计规范》GB 50011—2010中根据这些原则将抗震目标与三种烈度相对应，分为三个水准，具体描述为：

第一水准：当遭受低于本地区抗震设防烈度的多遇地震影响时，建筑物一般不受损坏或不需修理可继续使用。

第二水准：当遭受相当于本地区抗震设防烈度的地震影响时，可能损坏，经一般修理或不需修理仍可继续使用。

第三水准：当遭受高于本地区抗震设防烈度的罕遇地震影响时，不致倒塌或发生危及生命的严重损坏。

上述抗震设防目标可概括为"小震不坏、中震可修、大震不倒"。

一般在设防烈度小于6度地区，地震作用对建筑物的损坏程度较小，可不予考虑抗震设防；抗震设防烈度为6度及以上地区的建筑，必须进行抗震设计；在9度以上地区，即使采取很多措施，仍难以保证安全，故在抗震设防烈度大于9度地区的抗震设计应按有关专门规定执行。所以《建筑抗震设计规范》GB 50011—

2010 适用于 6～9 度地区。

1.4.3　抗震等级

抗震等级是设计部门依据国家有关规定，按"建筑物重要性分类与设防标准"，根据设防类别、结构类型、烈度和房屋高度四个因素确定，而采用不同抗震等级进行的具体设计，见表 1-7。

各抗震设防类别的高层建筑结构，其抗震措施应符合下列要求：

（1）甲类、乙类建筑

当本地区的抗震设防烈度为 6～8 度时，应符合本地区抗震设防烈度提高一度的要求；当本地区的设防烈度为 9 度时，应符合比 9 度抗震设防更高的要求。当建筑场地为Ⅰ类时，应允许仍按本地区抗震设防烈度的要求采取抗震构造措施。

（2）丙类建筑

应符合本地区抗震设防烈度的要求。当建筑场地为Ⅰ类时，除 6 度外，应允许按本地区抗震设防烈度降低一度的要求采取抗震构造措施。

现浇钢筋混凝土房屋的抗震等级　　　　　　　　　　表 1-7

结构类型		设防烈度			
		6	7	8	9
框架结构	高度（m）	≤24 ＞24	≤24 ＞24	≤24 ＞24	≤24
	框架	四　三	三　二	二　一	一
	大跨度框架	三	二	一	一
框架-抗震墙结构	高度（m）	≤60 ＞60	≤24 25～60 ＞60	≤24 25～60 ＞60	≤24 25～50
	框架	四　三	四　三　二	三　二　一	二　一
	抗震墙	三　三	三　二　二	二　一　一	一　一
抗震墙结构	高度（m）	≤80 ＞80	≤24 25～80 ＞80	≤24 25～80 ＞80	≤24 25～60
	抗震墙	四　三	四　三　二	三　二　一	二　一
部分框支抗震墙结构	高度（m）	≤80 ＞80	≤24 25～80 ＞80	≤24 25～80	
	抗震墙　一般部位	四　三	四　三　二	三　二	
	抗震墙　加强部位	三　二	三　二　一	二　一	
	框支层框架	二	二　一	一	
框架-核心筒结构	框架	三	二	一	
	核心筒	二	二	一	
筒中筒结构	外筒	三	二	一	
	内筒	三	二	一	
板柱-抗震墙结构	高度（m）	≤35 ＞35	≤35 ＞35	≤35 ＞35	
	框架、板柱的柱	三　二	二　二	二　一	
	抗震墙	二　二	二　二	二　一	

注：1. 建筑场地为Ⅰ类时，除 6 度外应允许按表内降低一度所对应的抗震等级采取抗震构造措施，但相应的计算要求不应降低。
　　2. 接近或等于高度分界时，应允许结合房屋不规则程度及场地、地基条件确定抗震等级。
　　3. 大跨度框架指跨度不小于 18m 的框架。
　　4. 高度不超过 60m 的框架-核心筒结构按框架-抗震墙的要求设计时，应按表中框架-抗震墙结构的规定确定其抗震等级。

【训练4】

1. 什么是震级？什么是烈度？二者之间有什么关系？

2. 抗震设防目标的三个水准是什么？

3. 我国抗震等级分类依据是什么？

1.5　钢筋的基本构造

1.5.1　混凝土保护层厚度

1. 混凝土保护层厚度（c）：是指混凝土结构构件中，最外层钢筋的外缘至混凝土表面之间的距离。梁、柱的保护层厚度从箍筋外缘起算，如图1-8所示。

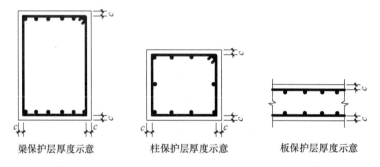

梁保护层厚度示意　　　　柱保护层厚度示意　　　　板保护层厚度示意

图1-8　混凝土保护层示意图

2. 混凝土保护层的作用：1）防止钢筋锈蚀；2）保证钢筋和混凝土之间的粘结。

3. 混凝土保护层厚度的确定：依据表1-8环境类别，查表1-9即可。

混凝土结构的环境类别　　　　　　　　　　　　　　　表1-8

环境类别	条　　件
一	室内干燥环境； 无侵蚀性静水浸没环境
二 a	室内潮湿环境； 非严寒和非寒冷地区的露天环境； 非严寒和非寒冷地区与无侵蚀性的水或土壤直接接触的环境； 严寒和寒冷地区的冰冻线以下与无侵蚀性的水或土壤直接接触的环境
二 b	干湿交替环境； 水位频繁变动环境； 严寒和寒冷地区的露天环境； 严寒和寒冷地区冰冻线以上与无侵蚀性的水或土壤直接接触的环境
三 a	严寒和寒冷地区冬季水位变动区环境； 受除冰盐影响环境； 海风环境

环境类别	条　　件
三 b	盐渍土环境； 受除冰盐作用环境； 海岸环境
四	海水环境
五	受人为或自然的侵蚀性物质影响的环境

混凝土保护层最小厚度　　　　　　　　　　表 1-9

环境类别	板、墙（mm）	梁、柱（mm）
一	15	20
二 a	20	25
二 b	25	35
三 a	30	40
三 b	40	50

注：1. 表中混凝土保护层厚度指最外层钢筋外边缘至混凝土表面的距离，适用于设计使年限为 50 年的混凝土结构。

2. 构件中受力钢筋的保护层厚度不应小于钢筋的公称直径。

3. 一类环境中，设计使用年限为 100 年的结构最外层钢筋的保护层厚度不应小于表中数值的 1.4 倍；二、三类环境中，设计使用年限为 100 年的结构应采取专门的有效措施。

4. 混凝土强度等级不大于 C25 时，表中保护层厚度数值应增加 5mm。

5. 基础底面钢筋的保护层厚度，有混凝土垫层时应从垫层顶面算起，且不应小于 40mm。

1.5.2　钢筋的锚固长度

钢筋锚固长度是指受力钢筋通过混凝土与钢筋的粘结将所受的力传递给混凝土所需的长度，用来承载上部所受的荷载。

作用：保证钢筋与混凝土的可靠粘结，不产生相对滑移，防止纵向钢筋拔出。

（1）受拉钢筋基本锚固长度 l_{ab} 和 l_{abE}

依据钢筋种类、混凝土强度等级、抗震等级查表 1-10 和表 1-11 确定。

受拉钢筋基本锚固长度 l_{ab}　　　　　　表 1-10

钢筋种类	混凝土强度等级								
	C20	C25	C30	C35	C40	C45	C50	C55	≥C60
HPB300	39d	34d	30d	28d	25d	24d	23d	22d	21d
HRB335、HRBF335	38d	33d	29d	27d	25d	23d	22d	21d	21d
HRB400、HRBF400 RRB400	—	40d	35d	32d	29d	28d	27d	26d	25d
HRB500、HRBF500	—	48d	43d	39d	36d	34d	32d	31d	30d

抗震设计时受拉钢筋基本锚固长度 l_{abE} 表 1-11

钢筋种类		C20	C25	C30	C35	C40	C45	C50	C55	≥C60
HPB300	一、二级	45d	39d	35d	32d	29d	28d	26d	25d	24d
	三级	41d	36d	32d	29d	26d	25d	24d	23d	22d
DHRB335 HRBF335	一、二级	44d	38d	33d	31d	29d	26d	25d	24d	24d
	三级	40d	35d	31d	28d	26d	24d	23d	22d	22d
HRB400 HRBF400	一、二级	—	46d	40d	37d	33d	32d	31d	30d	29d
	三级	—	42d	37d	34d	30d	29d	28d	27d	26d
HRB500 HRBF500	一、二级	—	55d	49d	45d	41d	39d	37d	36d	35d
	三级	—	50d	45d	41d	38d	36d	34d	33d	32d

注：1. 四级抗震时，$l_{abE}=l_{ab}$。

2. 当锚固钢筋的保护层厚度不大于 $5d$ 时，锚固钢筋的长度范围内应设置横向构造钢筋，其直径不应小于 $d/4$（d 为锚固钢筋的最大直径）；对梁柱等构件间距不应大于 $5d$，对板墙等构件间距不应大于 $10d$，且均不应大于 100mm（d 为锚固钢筋的最小直径）。

（2）受拉钢筋锚固长度 l_a 和 l_{aE}

依据钢筋种类、直径、混凝土强度等级、抗震等级查表 1-12 和表 1-13。

受拉钢筋锚固长度 l_a 表 1-12

钢筋种类	C20	C25		C30		C35		C40		C45		C50		C55		≥C60	
	d≤25	d≤25	d>25	d≤25	d>25	d≤25	d>25	d≤25	d>25	d≤25	d>25	d≤25	d>25	d≤25	d>25	d≤25	d>25
HPB300	39d	34d	—	30d	—	28d	—	25d	—	24d	—	23d	—	22d	—	21d	—
HRB335、HRBF335	38d	33d	—	29d	—	27d	—	25d	—	23d	—	22d	—	21d	—	21d	—
HRB400、HRBF400、RRB400	—	40d	44d	35d	39d	32d	35d	29d	32d	28d	31d	27d	30d	26d	29d	25d	28d
HRB500、HRBF500	—	48d	53d	43d	47d	39d	43d	36d	40d	34d	37d	32d	35d	31d	34d	30d	33d

抗震设计时受拉钢筋锚固长度 l_{aE} 表 1-13

钢筋种类及抗震等级		C20	C25		C30		C35		C40		C45		C50		C55		≥C60	
		d≤25	d≤25	d>25	d≤25	d>25	d≤25	d>25	d≤25	d>25	d≤25	d>25	d≤25	d>25	d≤25	d>25	d≤25	d>25
HPB300	一、二级	45d	39d	—	35d	—	32d	—	29d	—	28d	—	26d	—	25d	—	24d	—
	三级	41d	36d	—	32d	—	29d	—	26d	—	25d	—	24d	—	23d	—	22d	—

钢筋种类及抗震等级		混凝土强度等级																
		C20	C25		C30		C35		C40		C45		C50		C55		≥C60	
		d≤25	d≤25	d>25	d≤25	d>25	d≤25	d>25	d≤25	d>25	d≤25	d>25	d≤25	d>25	d≤25	d>25	d≤25	d>25
HRB335 HRBF335	一、二级	44d	38d	—	33d	—	31d	—	29d	—	26d	—	25d	—	24d	—	24d	—
	三级	40d	35d	—	30d	—	28d	—	26d	—	24d	—	23d	—	22d	—	22d	—
HRB400 HRBF400	一、二级	—	46d	51d	40d	45d	37d	40d	33d	37d	32d	36d	31d	35d	30d	33d	29d	32d
	三级	—	42d	46d	37d	41d	34d	37d	30d	34d	29d	33d	28d	32d	27d	30d	26d	29d
HRB500 HRBF500	一、二级	—	55d	61d	49d	54d	45d	49d	41d	46d	39d	43d	37d	40d	36d	39d	35d	38d
	三级	—	50d	56d	45d	49d	41d	45d	38d	42d	36d	39d	34d	37d	33d	36d	32d	35d

注：1. 当为环氧树脂涂层带肋钢筋时，表中数据尚应乘以 1.25。

2. 当纵向受拉钢筋在施工过程中易受扰动时，表中数据尚应乘以 1.1。

3. 当锚固长度范围内纵向受力钢筋周边保护层厚度为 $3d$、$5d$（d 为锚固钢筋的直径）时，表中数据可分别乘以 0.8、0.7；中间时按内插值。

4. 当纵向受拉普通钢筋锚固长度修正系数（注 1～注 3）多于一项时，可按连乘计算。

5. 受拉钢筋的锚固长度 l_a、l_{aE} 计算值不应小于 200mm。

6. 四级抗震时 $l_{aE} = l_a$。

7. 当锚固钢筋的保护层厚度不大于 $5d$ 时，锚固钢筋的长度范围内应设置横向构造钢筋，其直径不应小于 $d/4$（d 为锚固钢筋的最大直径）；对梁柱等构件间距不应大于 $5d$，对板墙等构件间距不应大于 $10d$，且均不应大于 100mm（d 为锚固钢筋的最小直径）。

1.5.3　钢筋的连接

钢筋连接方法可分为绑扎搭接、机械连接或焊接连接三种。

1. 钢筋的绑扎搭接连接

(1)《混凝土结构设计规范》GB 50010—2010 规定

1) 轴心受拉及小偏心受拉杆件的纵向受力筋不得采用绑扎搭接。

2) 其他构件中的钢筋采用绑扎搭接时，受拉钢筋直径不宜大于 25mm，受压钢筋直径不宜大于 28mm。

3) 同一构件相邻纵向受力钢筋的绑扎搭接接头宜相互错开。钢筋绑扎搭接接头连接区段的长度为 1.3 倍搭接长度，如图 1-9 所示。

4) 位于同一连接区段内受拉钢筋搭接接头面积百分率：对梁类、板类及墙类构件，不宜大于 25%；对柱类构件，不宜大于 50%。当工程中确有必要增大受拉钢筋搭接接头面积百分率时，对梁类构件，不宜大于 50%；对板、墙、柱及预制构件的拼接处，可根据实际情况放宽。

(2) 纵向受拉钢筋绑扎搭接接头的搭接长度 l_l 和 l_{lE}

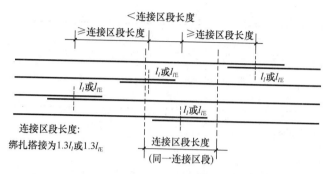

图 1-9　同一连接区段内纵向受拉钢筋绑扎搭接接头

依据抗震等级、钢筋级别、接头百分率、混凝土强度等级查表 1-14 和表 1-15。

纵向受拉钢筋搭接长度 l_l　　　　　　　　　　　　　　　　表 1-14

钢筋种类及同一区段内搭接钢筋面积百分率		混凝土强度等级																
		C20	C25		C30		C35		C40		C45		C50		C55		C60	
		$d\leqslant25$	$d\leqslant25$	$d>25$	$d\leqslant25$	$d>25$	$d\leqslant25$	$d>25$	$d\leqslant25$	$d>25$	$d\leqslant25$	$d>25$	$d\leqslant25$	$d>25$	$d\leqslant25$	$d>25$	$d\leqslant25$	$d>25$
HPB300	≤25%	47d	41d	—	36d	—	34d	—	30d	—	29d	—	28d	—	26d	—	25d	—
	50%	55d	48d	—	42d	—	39d	—	35d	—	34d	—	32d	—	31d	—	29d	—
	100%	62d	54d	—	48d	—	45d	—	40d	—	38d	—	37d	—	35d	—	34d	—
HRB335 HRBF335	≤25%	46d	40d	—	35d	—	32d	—	30d	—	28d	—	26d	—	25d	—	25d	—
	50%	53d	46d	—	41d	—	38d	—	35d	—	32d	—	31d	—	29d	—	29d	—
	100%	61d	53d	—	46d	—	43d	—	40d	—	37d	—	35d	—	34d	—	34d	—
HRB400 HRBF400 RRB400	≤25%	—	48d	53d	42d	47d	38d	42d	35d	38d	34d	37d	32d	36d	31d	35d	30d	34d
	50%	—	56d	62d	49d	55d	45d	49d	41d	45d	39d	43d	38d	42d	36d	41d	35d	39d
	100%	—	64d	70d	56d	62d	51d	56d	46d	51d	45d	50d	43d	48d	42d	46d	40d	45d
HRB500 HRBF500	≤25%	—	58d	64d	52d	56d	47d	52d	43d	48d	41d	44d	38d	42d	37d	41d	36d	40d
	50%	—	67d	74d	60d	66d	55d	60d	50d	56d	48d	52d	45d	49d	43d	48d	42d	46d
	100%	—	77d	85d	69d	75d	62d	69d	58d	64d	54d	59d	51d	56d	50d	54d	48d	53d

纵向受拉钢筋抗震搭接长度 l_{lE}　　　　　　　　　　　　　表 1-15

钢筋种类及同一区段内搭接钢筋面积百分率			混凝土强度等级																
			C20	C25		C30		C35		C40		C45		C50		C55		C60	
			$d\leqslant25$	$d\leqslant25$	$d>25$	$d\leqslant25$	$d>25$	$d\leqslant25$	$d>25$	$d\leqslant25$	$d>25$	$d\leqslant25$	$d>25$	$d\leqslant25$	$d>25$	$d\leqslant25$	$d>25$	$d\leqslant25$	$d>25$
一、二级抗震等级	HPB300	≤25%	54d	47d	—	42d	—	38d	—	35d	—	34d	—	31d	—	30d	—	29d	—
		50%	63d	55d	—	49d	—	45d	—	41d	—	39d	—	36d	—	35d	—	34d	—
	HRB335 HRBF335	≤25%	53d	46d	—	40d	—	37d	—	35d	—	31d	—	30d	—	29d	—	29d	—
		50%	62d	53d	—	46d	—	43d	—	41d	—	36d	—	35d	—	34d	—	34d	—

钢筋种类及同一区段内搭接钢筋面积百分率			混凝土强度等级																		
			C20		C25		C30		C35		C40		C45		C50		C55		C60	
抗震等级	钢筋种类	面积百分率	d≤25	d>25	d≤25	d>25	d≤25	d>25	d≤25	d>25	d≤25	d>25	d≤25	d>25	d≤25	d>25	d≤25	d>25	d≤25	d>25
一、二级抗震等级	HRB400 HRBF400	≤25%	—		55d	61d	48d	54d	44d	48d	40d	44d	38d	43d	37d	42d	36d	40d	35d	38d
		50%	—		64d	71d	56d	63d	52d	56d	46d	52d	45d	50d	43d	49d	42d	46d	41d	45d
	HRB500 HRBF500	≤25%	—		66d	73d	59d	65d	54d	59d	49d	55d	47d	52d	44d	48d	43d	47d	42d	46d
		50%	—		77d	85d	69d	76d	63d	69d	57d	64d	55d	60d	52d	56d	50d	55d	49d	53d
三级抗震等级	HPB300	≤25%	49d		43d		38d		35d		31d		30d		29d		28d		26d	
		50%	57d		50d		45d		41d		36d		35d		34d		32d		31d	
	HRB335 HRBF335	≤25%	48d		42d		36d		34d		31d		29d		28d		26d		26d	
		50%	56d		49d		42d		39d		36d		34d		32d		31d		31d	
	HRB400 HRBF400	≤25%			50d	55d	44d	49d	41d	44d	36d	41d	35d	40d	34d	38d	32d	36d	31d	35d
		50%			59d	64d	52d	57d	48d	52d	42d	48d	41d	46d	39d	45d	38d	42d	36d	41d
	HRB500 HRBF500	≤25%			60d	67d	54d	59d	49d	54d	46d	50d	44d	47d	41d	44d	40d	43d	38d	42d
		50%			70d	78d	63d	69d	57d	63d	53d	59d	50d	55d	48d	52d	46d	50d	45d	49d

注：1. 表中数值为纵向受拉钢筋绑扎搭接接头的搭接长度。

2. 两根不同直径钢筋搭接时，表中 d 取较细钢筋直径。

3. 当为环氧树脂涂层带肋钢筋时，表中数据尚应乘以 1.25。

4. 当纵向受拉钢筋在施工过程中易受扰动时，表中数据尚应乘以 1.1。

5. 当搭接长度范围内纵向受力钢筋周边保护层厚度为 $3d$、$5d$（d 为搭接钢筋的直径）时，表中数据可分别乘以 0.8、0.7；中间时按内插值。

6. 当上述修正系数（注3～注5）多于一项时，可按连乘计算。

7. 任何情况下，搭接长度不应小于 300。

8. 四级抗震等级时，$l_{lE}=l_l$。

梁、柱纵向受力钢筋搭接区箍筋构造如图 1-10 所示。

2. 钢筋的机械连接

纵向受力钢筋的机械连接接头宜相互错开。钢筋机械连接区段的长度为 $35d$，d 为连接钢筋的较小直径（图 1-11）。

位于同一连接区段内纵向受拉钢筋接头面积百分率不宜大于 50%；纵向受压钢筋接头百分率可不受限制。

3. 钢筋的焊接连接

纵向受力钢筋的焊接连接接头宜相互错开。钢筋焊接连接区段的长度为 $35d$ 且不小于 500mm，d 为连接钢筋的较小直径

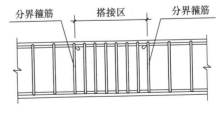

图 1-10 纵向受力钢筋搭接区箍筋构造

注：1. 本图用于梁柱类构件搭接区箍筋设置。

2. 搭接区内箍筋直径不小于 $d/4$（d 为搭接钢筋最大直径），间距不应大于 100mm 及 $5d$（d 为搭接钢筋最小直径）。

3. 当受压钢筋直径大于 25 时，尚应在搭接接头两个端点外 100mm 的范围内各设置两道箍筋。

（图 1-12）。

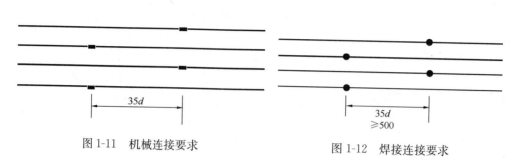

图 1-11　机械连接要求　　　　　图 1-12　焊接连接要求

纵向受拉钢筋接头面积百分率不应大于 50%；纵向受压钢筋接头百分率可不受限制。

【训练 5】钢筋的基本构造

1. 某框架柱三级抗震，采用 HRB400 级钢筋，直径 28mm，C40 混凝土，试确定钢筋锚固长度、柱的保护层厚度。

2. 某剪力墙二级抗震，采用 HPB300 级钢筋，直径 14mm，C30 混凝土，试确定钢筋锚固长度、墙的保护层厚度。

3. 某框架柱三级抗震，混凝土强度等级 C35，钢筋采用 HRB400 的直径 20mm，钢筋采用绑扎搭接，接头百分率为 50%，试确定钢筋的绑扎搭接长度和两个区段的最小距离。如果采用焊接连接其连接区段的距离是多少？

1.6　钢筋混凝土结构基本构件

1.6.1　受弯构件

在钢筋混凝土结构中，梁和板是典型的受弯构件。

1. 钢筋混凝土梁

（1）受力情况

实验和理论分析表明，受弯构件在荷载的作用下，截面上通常有弯矩和剪力共同作用，跨中由弯矩作用引起正截面破坏，靠近支座处由剪力和弯矩共同作用产生斜截面破坏，如图 1-13 所示。

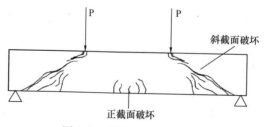

图 1-13　梁破坏形式示意图

（2）钢筋配置

梁下部需设置纵向受力钢筋，梁内需设置箍筋，斜截面处亦可设置弯起钢筋，如图 1-14 所示。

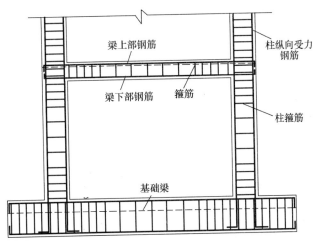

图 1-14　框架形态及梁柱钢筋设置示意图

2. 钢筋混凝土板

（1）受力情况

板跨中承受跨中正弯矩，下部为受拉区，上部为受压区；支座处承受支座负弯矩，板上部为受拉区，下部为受拉区。

（2）钢筋配置

跨中板下部需设置纵向受力钢筋，支座处板上部需设置纵向受力钢筋，如图 1-15 所示。

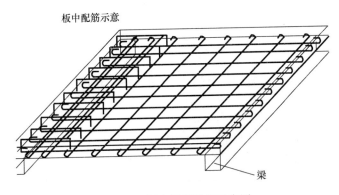

图 1-15　板内钢筋设置示意图

1.6.2　受压构件

在钢筋混凝土结构中，最常见的受压构件为柱。

（1）柱的受力情况

柱主要承受纵向压力为主，也会承受一定的弯矩和剪力作用。按照纵向外力的作用位置不同可分为轴心受压构件和偏心受压构件，如图1-16所示。

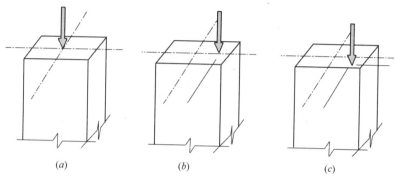

图1-16　受压构件类型

(a) 轴心受压；(b) 单向偏心受压；(c) 双向偏心受压

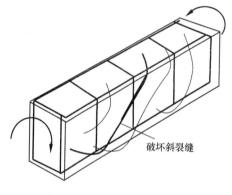

图1-17　受扭构件受力示意

需设置抗扭钢筋。

（2）钢筋配置

柱内钢筋主要有纵向受力钢筋和箍筋两种，如图1-14所示。

1.6.3　受扭构件

在钢筋混凝土结构中常见的受扭构件主要有雨篷梁或有挑檐的边梁等。

（1）受力特点

各横截面绕杆轴线发生了沿力偶作用方向的相对转动，如图1-17所示。

（2）钢筋配筋

为防止受扭构件在扭矩作用下破坏，

1.7　钢筋混凝土结构识图的知识准备

1.7.1　钢筋混凝土结构施工图图示方法

为了清楚地表明构件内部的钢筋，假设混凝土为透明体，这样构件中的钢筋在施工图中可见。

（1）结构施工图采用正投影法绘制。

（2）结构施工图的轴线及其编号与建筑施工图一致。

（3）钢筋的图线用粗实线表示，钢筋的截面用涂黑的小圆点表示，构件轮廓线、尺寸线、引出线用细实线绘制。

1.7.2 钢筋混凝土结构施工图中钢筋的标注方法

钢筋混凝土结构施工图中钢筋的表示方法有两种：

1. 标注钢筋的直径和根数（梁、柱纵向钢筋）

【例 1-1】 如图 1-18 所示，5⏀20 表示 5 根 HRB400 的直径为 20mm 的钢筋。

2. 标注钢筋直径和相邻钢筋中心距（板、墙钢筋及箍筋）

【例 1-2】 如图 1-18 所示，⏀10@200 表示采用 HRB335 的直径为 10mm 的钢筋，钢筋中心距为 200mm。

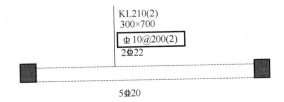

图 1-18　钢筋混凝土结构施工图中钢筋表示方法示例

基础平法施工图识读

【目标描述】

通过本任务的学习，学生能够：

（1）熟练地识读基础施工图。

（2）熟练应用《混凝土结构施工图平面整体表示方法制图规则和构造详图（独立基础、条形基础、筏形基础、桩基础）》16G101-3 平法图集和结构规范解决实际工程问题。

任务实训：采用实际的施工图纸，学生通过完成集训任务，加强和检验学生们的识图能力和图集、规范的应用能力。

2.1 知识准备

2.1.1 基础的类型

按基础的埋置深度和施工方法的不同，分为深基础和浅基础。

深基础：基础埋置深度大于 5m，采用特殊的施工方法进行施工的基础。常见深基础类型：桩基础、沉井基础和地下连续墙等。其作用是把所承受的荷载传递到地基深层的坚实土层或岩层上。

浅基础：基础埋置深度小于等于 5m，或者基础埋深小于基础宽度，只需经过挖槽、排水等普通施工程序即可建造的基础。

1. 钢筋混凝土浅基础的类型

浅基础按构造形式可分为独立基础、条形基础、筏形基础、箱形基础等。

（1）钢筋混凝土独立基础

建筑物上部结构采用框架结构或单层排架结构承重时，基础常采用圆柱形和多边形等形式的独立式基础，这类基础称为独立式基础，也称单独基础，如图 2-1 所示。

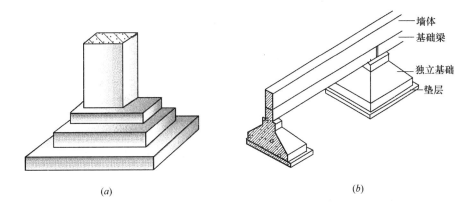

图 2-1　独立基础
（a）柱下钢筋混凝土独立基础；（b）墙下钢筋混凝土独立基础

（2）钢筋混凝土条形基础

钢筋混凝土条形基础可分为墙下钢筋混凝土条形基础、柱下钢筋混凝土条形基础和钢筋混凝土交梁基础（亦称为十字交叉条形基础或交叉条形基础）。

1）墙下钢筋混凝土条形基础。其截面根据受力条件可以分为不带肋和带肋两种，如图 2-2 所示。

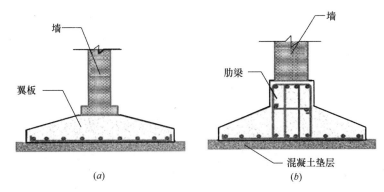

图 2-2　墙下钢筋混凝土条形基础
（a）不带肋墙下钢筋混凝土条形基础；（b）带肋墙下钢筋混凝土条形基础

2）柱下钢筋混凝土条形基础。当地基承载力较低且柱下钢筋混凝土独立基础的底面积不能承受上部结构荷载的作用，常将若干柱下的基础连成一条构成柱下条形基础，如图 2-3 所示。

3）钢筋混凝土交梁基础。当单向条形基础底面仍不能承受上部结构荷载的作用，可以将纵横柱基础均连在一起，形成交梁基础，亦称为十字交叉条形基础或

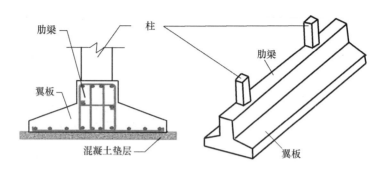

图 2-3　柱下钢筋混凝土条形基础

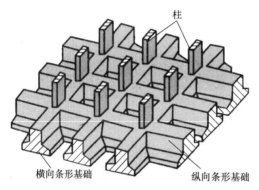

图 2-4　钢筋混凝土交梁基础

交叉条形基础，如图 2-4 所示。

4）扩展基础。柱下钢筋混凝土独立基础和墙下钢筋混凝土条形基础统称为扩展基础。这类基础可以采用扩大基底面积的做法来满足地基承载能力的要求，且不必增大基础埋深。

（3）筏形基础

当地基承载能力低，而上部结构的荷载又较大，采用交梁基础仍不能满足地基承载能力的要求时，可用钢筋混凝土做成连续整片基础，使整个建筑物的荷载承受在一块钢筋混凝土整板上，这种基础形式称为筏形基础，也称为筏板基础。筏形基础分为平板式和梁板式两种类型，如图 2-5 所示。

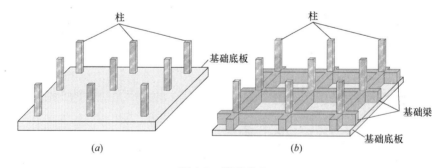

图 2-5　筏形基础
（a）平板式筏形基础；（b）梁板式筏形基础

（4）箱形基础

当建筑物荷载很大，地基承载能力较低时，基础可做成由钢筋混凝土底板、顶板和若干纵横墙构成的整体现浇钢筋混凝土结构，即箱形基础。它能显著地提高地基的稳定性，降低基础的沉降量，提高结构的抗震性能，如图 2-6 所示。

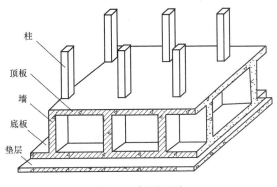

图 2-6 箱形基础

2.1.2 基础的构造

1. 扩展基础的构造

扩展基础系指柱下钢筋混凝土独立基础和墙下钢筋混凝土条形基础。依据其受力情况，墙下条形基础垂直于墙体方向设置受力钢筋，平行于墙体方向设置分布筋，分布钢筋设置在受力钢筋之上；柱下钢筋混凝土独立基础双向均设置受力钢筋，钢筋排布：长边方向钢筋在下，短边方向钢筋在上。其构造应符合以下要求：

（1）基础的截面形式可分为锥形基础（16G101-3 中称之为坡形基础）和阶梯形基础（16G101-3 中称之为阶形基础）两类，如图 2-7 所示。锥形基础的边缘高度不宜小于 200mm，阶梯形基础的每阶高度，宜为 300~500mm。

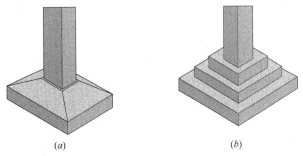

(a) (b)

图 2-7 独立基础的截面形式
（a）锥形基础（坡形基础）；（b）阶梯形基础（阶形基础）

（2）垫层的厚度不宜小于 70mm；垫层混凝土强度等级宜为 C15。

（3）扩展基础底板受力钢筋的最小直径不宜小于 10mm，间距不应大于 200mm，也不应小于 100mm。墙下钢筋混凝土条形基础纵向分布钢筋的直径不应小于 8mm，间距不应大于 300mm；每延米分布钢筋的面积不应小于受力钢筋面积的 15%。当有垫层时钢筋的保护层厚度不应小于 40mm，无垫层时不应小于 70mm。

（4）基础混凝土强度等级不应低于 C20。

（5）当柱下钢筋混凝土独立基础的边长和墙下钢筋混凝土条形基础的宽度不小于 2.5m 时，底板受力钢筋的长度可取边长或宽度的 0.9 倍，并宜交错布置，如图 2-8、图 2-9 所示。

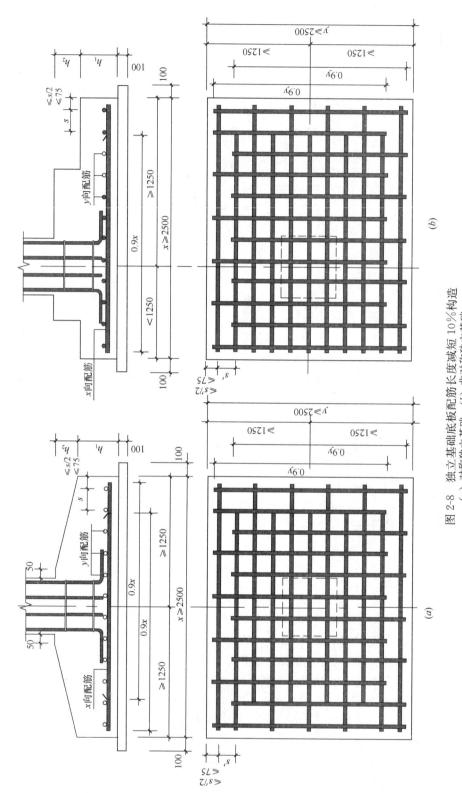

图 2-8 独立基础底板配筋长度减短 10% 构造

(a) 对称独立基础；(b) 非对称独立基础

注：1. 当非对称独立基础底板长度 ≥2500mm 时，若该基础某侧从柱中心至基础底板边缘的距离 <1250mm 时，钢筋在该侧不应减短。

2. 基础边缘第一根钢筋（起步筋）的排放位置：距基础边缘 min (s/2, 75)，其中 s 为基础底板的板筋间距。

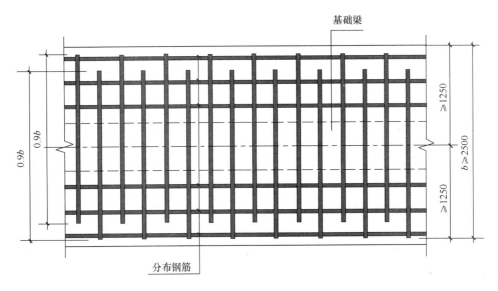

图 2-9　条形基础底板配筋长度减短 10％构造
（底板交接区的受力钢筋和无交接底板时端部的第一根钢筋不应减短）

（6）锥形基础的顶部需安装模板，基础顶面应从柱边每边多出 50mm，如图 2-8（a）所示。

2. 柱下钢筋混凝土条形基础的构造

柱下钢筋混凝土条形基础的构造除满足扩展基础的构造要求外，尚应符合下列规定：

（1）翼板厚度不应小于 200mm，当翼板厚度大于 250mm 时，宜采用变厚度翼板，其顶面坡度宜≤1/3。

（2）条形基础的端部宜向外伸出，其长度宜为第一跨距的 0.25 倍。

（3）现浇柱与基础梁交接处，基础梁平面尺寸应大于柱截面尺寸，且柱边缘距基础梁边缘的距离不得小于 50mm（即形成"梁包柱"），如不满足，需设置包柱侧腋，如图 2-10 所示。

（4）条形基础梁顶部和底部的纵向受力钢筋除满足计算要求外，顶部钢筋按计算配筋全部贯通，底部通长钢筋应不少于底部受力钢筋截面总面积的 1/3。

3. 筏形基础的构造

（1）筏形基础分为平板式和梁板式两种类型。

（2）筏形基础的平面尺寸和底板厚度，应根据地基承载能力、上部结构的布置和荷载分布等因素按相应规范计算确定。

（3）筏形基础混凝土强度等级不应低于 C30，当有地下室时应采用防水混凝土。

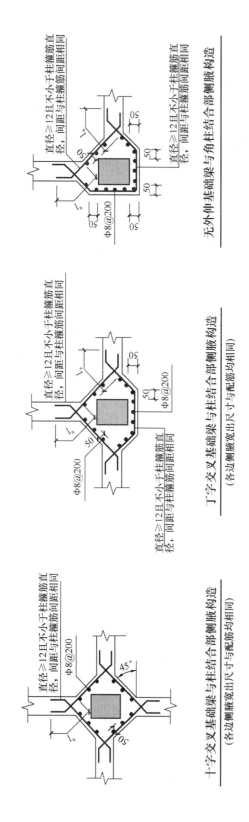

十字交叉基础梁与柱结合部侧腋构造
（各边侧腋宽出尺寸与配筋均相同）

丁字交叉基础梁与柱结合部侧腋构造
（各边侧腋宽出尺寸与配筋均相同）

无外伸基础梁与柱结合部侧腋构造

直径≥12且不小于柱箍筋直径，间距与柱箍筋间距相同

Φ8@200

基础梁中心穿柱侧腋构造

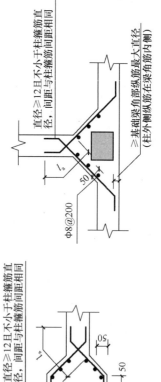

基础梁偏心穿柱与柱结合部侧腋构造

≥基础梁角部纵筋最大直径
（柱外侧钢筋在梁角筋内侧）

注：1. 除基础梁比柱宽且完全形成梁包柱结合部的情况外，所有基础梁与柱结合部位均按本图增加侧腋。

2. 当基础梁与柱等宽，或存在因梁与柱纵筋同在一个平面内导致直通交叉遇阻情况，此时应适当调整基础梁宽度使柱纵筋直通锚固。

3. 当柱与基础梁结合部位较高的梁顶面高度不同时，侧腋顶面与较高基础梁顶面一平（即在同一平面）面高差内的侧腋，可参照柱角或柱侧腋顶面至较低基础梁或丁字交叉基础梁侧腋构造进行施工。

图 2-10　基础梁与柱结合部侧腋构造

2.1.3 平面整体表示方法相关制图规则

（1）浅基础底面标高，以建筑标高±0.000为基准，浅基础底面标高为基础垫层的顶面标高（垫层上有如防水层则为防水层顶面标高），如图2-11所示。

（2）基础底面基准标高

1）当具体工程全部基础底面标高相同时，基础底面基准标高即为基础底面标高。

2）当基础底面标高不同时，应取多数相同的底面标高为基础底面的基准标高，对其他少数不同标高者应标明范围并注明标高。

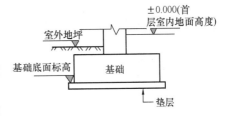

图2-11 浅基础底面标高示意图

（3）结构平面的坐标方向，为方便设计表达和施工识图，规定结构平面的坐标方向为：

1）当两向轴网正交布置时，图面从左至右为X向，从下至上为Y向；当轴网在某位置转向时，局部坐标方向顺轴网的转向角度做相应转动，转动后的坐标应加图示。

2）当轴网向心布置时，切向为X向，径向为Y向，并应加图示。

3）对于平面布置比较复杂的区域，如轴网转折交界区域、向心布置的核心区域等，其平面坐标方向应由设计者另行规定并加图示。

2.2 独立基础的平法施工图识读

独立基础平法施工图，有平面注写与截面注写两种表达方式。

独立基础的平面布置图，应将独立基础平面与基础所支撑的柱一起绘制。当设置连系梁时，可根据图面的疏密情况，将基础连系梁与基础平面布置图一起绘制，或将基础连系梁布置图单独绘制。

在基础的平面布置图上应标注基础的定位尺寸；当独立基础柱中心线或杯口中心线与建筑轴线不重合时，应标注其定位尺寸。编号相同且定位尺寸相同的基础，可仅选择一个进行标注，如图2-12所示。

2.2.1 独立基础的平面注写方式

独立基础的平面注写方式如图2-12所示。

独立基础平面注写方式包括集中标注和原位标注两部分内容，如图2-13所示。

1. 集中标注

普通独立基础和杯口独立基础的集中标注，系在基础平面图上集中引注：基础编号、截面竖向尺寸、配筋三项为必注内容；基础底面标高（与基础底面基准标高不同时）和必要的文字注解两项选注内容。

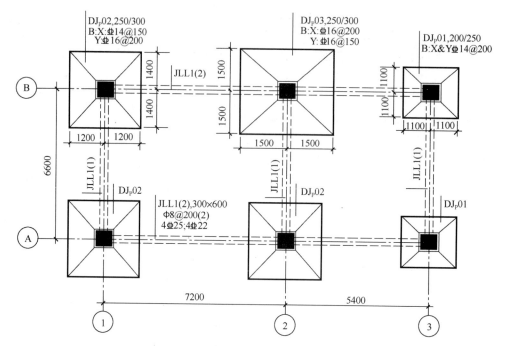

图 2-12 独立基础平法施工图平面注写方式示意

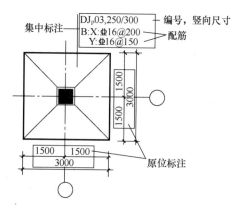

图 2-13 集中标注和原位标注示例

（1）基础编号，由代号和序号两部分组成，见表 2-1。

独立基础编号   表 2-1

类型	基础底边截面形状	代号	序号
普通独立基础	阶形	DJ_J	××
	坡形	DJ_P	××
杯口独立基础	阶形	BJ_J	××
	坡形	BJ_P	××

独立基础底板的截面形状通常有两种，分别是阶形和坡形，如图 2-7 所示，

其中：

  阶形截面编号加下标"J"，如 $DJ_J\times\times$、$BJ_J\times\times$；

  坡形截面编号加下标"P"，如 $DJ_P\times\times$、$BJ_P\times\times$。

  【例 2-1】 图 2-13 所示的 DJ_P03，表示 03 号独立基础，截面形状为坡形。

  （2）基础截面竖向尺寸

  当普通独立基础为阶形截面时，注写为 $h_1/h_2/h_3$，用"/"分隔自下而上的高度，见图 2-14（a）。当普通独立基础为坡形截面时，注写为 h_1/h_2，见图 2-14（b）。

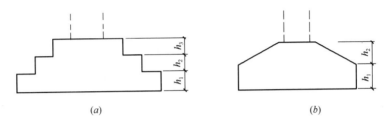

图 2-14 普通独立基础竖向尺寸

（a）阶形截面；（b）坡形截面

  【例 2-2】 如图 2-15 所示，阶形独立基础 DJ_J10 的竖向尺寸为 300/350/400，表示 $h_1=300\text{mm}$，$h_2=350\text{mm}$，$h_3=400\text{mm}$，基础底板总厚度为 1050mm。

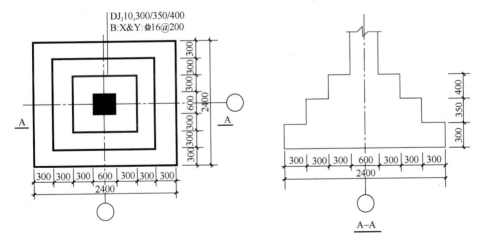

图 2-15 阶形截面普通独立基础竖向尺寸

  【例 2-3】 如图 2-16 所示，坡形独立基础 DJ_P05 的竖向尺寸为 200/300，表示 $h_1=200\text{mm}$，$h_2=300\text{mm}$，基础底板总厚度为 500mm。

  （3）基础配筋

  独立基础底板双向配置受力钢筋，基础底板配筋注写如下：

  1）以 B 代表各种独立基础底板的底部配筋。

  2）X 向配筋（由左而右）以 X 打头、Y 向配筋（由下而上）以 Y 打头注写。

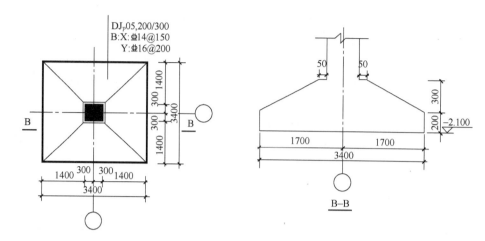

图 2-16　坡形截面普通独立基础竖向尺寸

【例 2-4】如图 2-16 所示，DJ$_P$05 底板配筋标注为 B：X：Φ 14@150，Y：Φ 16@200，表示基础底板底部配置 HRB400 级钢筋，X 向钢筋直径为 14mm，钢筋间距为 150mm；Y 向钢筋直径为 16mm，钢筋间距为 200mm。

3）当基础两向配筋相同时，则以 X&Y 打头注写。

【例 2-5】如图 2-15 所示，DJ$_J$10 的底板配筋标注为 B：X&Y：Φ 16@200，表示基础底板底部 X 向、Y 向均配置 HRB400 级钢筋，钢筋直径为 16mm，钢筋间距为 200mm。

（4）基础底面标高（选注内容）

当独立基础底面标高与基础底面基准标高不同时，应将独立基础底面标高直接注写在"（　）"内。

【例 2-6】如图 2-17 所示，基础底面基准标高为−1.800，DJ$_P$02 基础底标高为−2.100m，与基础底面基准标高不同，注写在括号内。

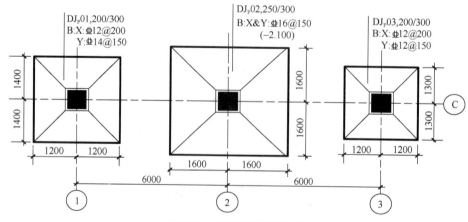

图 2-17　基础底面标高示意
（注：未注明基础底标高均为−1.800）

（5）必要的文字注解（选注内容）

当独立基础的设计有特殊要求时，宜增加必要的文字注解。

2. 原位标注

钢筋混凝土和素混凝土独立基础的原位标注是在基础平面布置图上标注独立基础的平面尺寸。对相同编号的基础，可选择一个进行原位标注，其他相同编号者仅注编号。

普通独立基础原位标注 x、y，x_c、y_c（或圆柱直径 d_c），x_i、y_i，（$i=1$, 2, 3······）。其中，x、y 为普通独立基础两向边长，x_c、y_c 为柱截面尺寸，x_i、y_i 为阶宽或坡形平面尺寸，如图 2-18 所示。

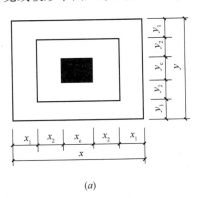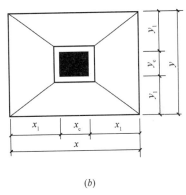

图 2-18 普通独立基础原位标注

（a）对称阶形截面；（b）对称坡形截面

【例 2-7】 如图 2-15 所示，阶形独立基础 DJ_J10 的平面尺寸，X 和 Y 两个方向的边长均为 2400mm，柱截面尺寸为 600mm×600mm，X 方向的阶宽 x_1、x_2、x_3 均为 300mm，Y 方向的阶宽 y_1、y_2、y_3 均为 300mm。

【例 2-8】 如图 2-16 所示，坡形独立基础 DJ_P05 平面尺寸，X 和 Y 两个方向的边长均为 3400mm，柱截面尺寸为 600mm×600mm，轴线居中。

3. 多柱独立基础

多柱独立基础（双柱或四柱）的编号、几何尺寸和配筋的标注方法与单柱独立基础相同。

（1）当双柱独立基础柱距较小时，通常仅配置基础底部钢筋，如图 2-19 所示。

（2）当双柱独立基础柱距较大时，除基础底部配筋外，尚需在两柱间配置基础顶部钢筋或设置基础梁，如图 2-20 所示。

1）当双柱独立基础两柱间配置基础顶部配筋时，通常对称分布在双柱中心线

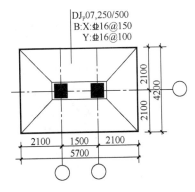

图 2-19 较小柱距双柱独立
基础配筋示意

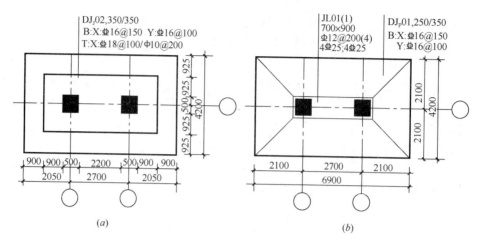

图 2-20　较大柱距双柱独立基础配筋示意

（a）两柱间配置基础顶部钢筋；（b）两柱间配置基础梁

两侧，以大写字母"T"打头，注写为：双柱间纵向受力钢筋/分布钢筋，如图 2-20（a）所示。当纵向受力钢筋在基础底板顶面非满布时，应注明总根数。双柱独立基础底部与顶部钢筋排布构造如图 2-21 所示。

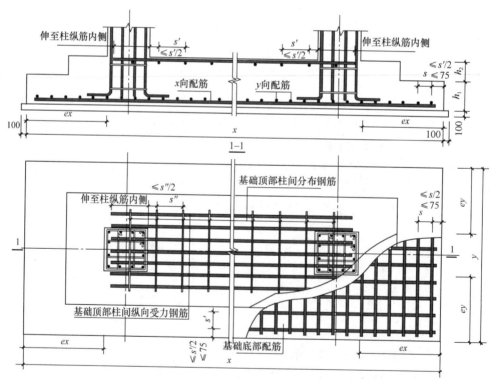

图 2-21　双柱独立基础底部与顶部钢筋排布构造

注：1. 双柱普通独立基础底板的截面形状，可分为阶形截面 DJ_J 和坡形截面 DJ_p。

2. 几何尺寸和配筋按具体结构设计和本图构造确定。

3. 双柱独立基础底部双向交叉钢筋，根据基础两个方向从柱外缘至基础外缘的伸出长度 ex 和 ey 的大小，较大者方向的钢筋在下，较小者方向的钢筋设置在上。

4. 柱插筋的设置详见柱平法施工图。

【例 2-9】如图 2-20（a）所示，T：X Φ 18@100/Φ 10@200；表示独立基础顶部 X 方向配置纵向受力钢筋为 HRB400 级钢筋，直径为 18mm，间距 100mm，在基础底板顶面满布；分布筋为 HPB300 级钢筋，直径为 10mm，间距 200mm。

2）当双柱独立基础两柱间设置基础梁时，除基础底板的集中标注和原位标注外，尚应注写基础梁的编号、几何尺寸和配筋见图 2-20（b）。设置基础梁的双柱普通独立基础的钢筋排布构造见图 2-22。

【例 2-10】如图 2-20（b）所示，JL01（1）700mm×900mm Φ 12@200（4）4 Φ 25；4 Φ 25 表示 1 号基础梁为 1 跨，两端无外伸；基础梁截面尺寸为：梁宽 700mm，梁高 900mm；基础梁箍筋为 HRB335 级钢筋，直径为 12mm，间距 200mm 的四肢箍；梁上部和梁下部通长钢筋均为 4 根 HRB400 级钢筋，直径为 25mm。

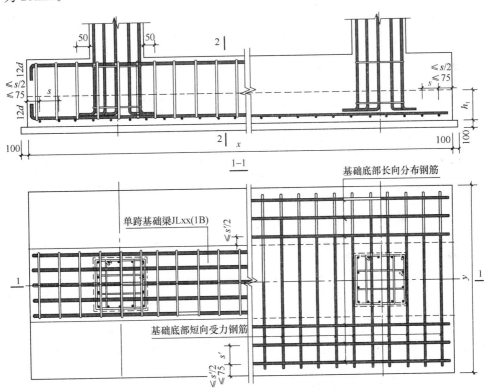

图 2-22 设置基础梁的双柱普通独立基础钢筋排布构造

注：1. 双柱普通独立基础底板的截面形状，可分为阶形截面 DJ_J 和坡形截面 DJ_P。

2. 几何尺寸和配筋按具体结构设计和本图构造确定。

3. 双柱独立基础底部短向受力钢筋设置在基础梁纵筋之下，与基础梁箍筋的下水平段位于同一层面。

4. 双柱独立基础所设置的基础梁宽度，宜比柱截面宽度至少宽出 100mm（每边≥50mm）。当具体设计基础梁的宽度不满足要求时，需增设包柱侧腋。

5. 柱插筋的设置详见柱平法施工图。

2.2.2 独立基础的截面注写方式

独立基础的截面注写方式，又可分为截面标注和列表注写（结合截面示意图）两种表达方式。应在基础平面布置图上对所有基础进行编号，见图2-23、表2-2。

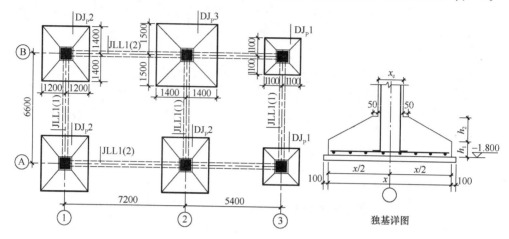

图2-23 独立基础截面注写平法施工图示意

图纸说明：1. 未注明柱中居轴线中。

2. 基础下设100mm厚C15混凝土垫层。

3. 未注明基础底标高—1.800。

4. 基础底板钢筋保护层为40mm。

5. 柱插筋构造详见16G101-3。

柱下独立基础列表　　　　　　　　　　　　　　　　　　　　　　表2-2

序号	基础编号	截面几何尺寸（mm）						底部配筋	
		x	y	x_c	y_c	h_1	h_2	X	Y
1	DJ$_P$1	2200	2200	600	600	200	250	Φ14@200	Φ14@200
2	DJ$_P$2	2400	2800	600	600	250	300	Φ14@150	Φ16@150
3	DJ$_P$3	2800	3000	600	600	250	350	Φ16@120	Φ18@160

2.2.3 独立基础知识拓展

此项拓展有益于学生对注写方式的进一步理解，增强学生的空间想象力，同时加强学生对坡形普通独立基础构造详图的理解和图集的应用能力。

1. 计算图2-23中DJ$_P$3底板钢筋长度和数量

（1）X向边缘第一根钢筋（起步筋）的长度

$L1=2800-2\times40=2720$mm。

钢筋根数：2根。

起步筋位置$=\min(s/2，75)=\min(120/2，75)=60$mm。

（2）X向中间钢筋长度，由于基础边长$x=2800$mm>2500mm，故钢筋长度应取 0.9x 并交错布置。L2＝2800×0.9＝2520mm。

钢筋根数＝(3000－60×2)/120＋1－2＝23 根。

（3）Y 向边缘第一根钢筋（起步筋）的长度

$L3＝3000－2×40＝2920mm$。

钢筋根数：2 根。

起步筋位置＝$\min(s/2，75)＝\min(160/2，75)＝75mm$。

（4）Y 向中间钢筋长度，由于基础边长 $y＝3000mm＞2500mm$，故钢筋长度应取 0.9y 并交错布置。$L4＝3000×0.9＝2700mm$

钢筋根数＝(2800－75×2)/160＋1－2＝16 根。

2. 绘制图 2-23 中 DJ_P3 的底板钢筋排布图，如图 2-24 所示。

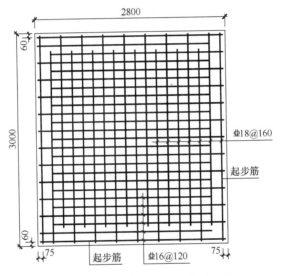

图 2-24 DJ_P3 底板钢筋排布图示意

任务实训 2.1 独立基础平法施工图集训

任务实训 2.1.1 依据图 2-25 完成填空。

某工程为框架结构，三级抗震，柱下独立基础，基础底面标高为－1.850，基础混凝土强度为 C30；基础垫层混凝土强度为 C15，厚 100mm，垫层每边宽出基础底边 100mm；基础底板钢筋混凝土保护层厚度为 40mm。框架柱尺寸均为 600mm×600mm，轴线居中，如图 2-25 所示。

1.DJ_P03 的截面形式是_____，基础高度为_____ mm，自下而上的高度 $h_1＝$_____ mm，$h_2＝$_____ mm。

2.DJ_P02 中，基础底板的尺寸为_____ mm，基础底标高为_____；DJ_P03 的基础底标高为_____。

3.DJ_P02 集中标注中，"B"表示基础底板_____配筋，符号 ⚎ 表示钢筋级别为_____，X 向钢筋的直径为_____ mm，间距为_____ mm。

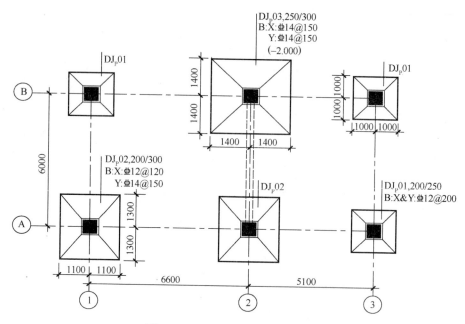

图 2-25　独立基础平法施工图示意

4. DJ_P02 中，X 向第一根钢筋距基础边缘的距离（起步距离）为_____ mm，Y 向第一根钢筋距基础边缘的距离（起步距离）为_____ mm。

5. DJ_P01 中，"&" 表示_____，基础垫层的尺寸为_____ mm。

6. DJ_P02 中，X 向钢筋的长度为_____ mm，Y 向钢筋的长度为_____ mm 和_____ mm。

7. 图 2-25 中，基础钢筋的保护层厚度为_____ mm。

任务实训 2.1.2　依据已知条件完成图 2-26 独立基础 DJ_P01 的平面注写。

截面尺寸：$h_1 = 200mm$，$h_2 = 300mm$；

基础底板配筋：X 向 HRB400 级钢筋，直径 14mm，间距 150mm；Y 向 HRB400 级钢筋，直径 12mm，间距 150mm。

平面尺寸：$x = 2500mm$，$y = 2000mm$，轴线居中，$x_1 = 1250mm$，$y_1 = 1000mm$；柱截面尺寸 $x_c = 550mm$，$y_c = 500mm$，轴线居中。

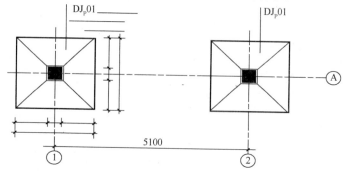

图 2-26　独立基础平法注写任务示意图

任务实训 2.1.3　能力拓展

实训方式：模拟施工，答辩考核。

成立施工队：每队成员 6~8 人，设工长一名（选择组织能力较强的同学担任），技术负责人一名（选择专业基础扎实的同学担任），其他同学自由组合。

1. 任务布置，各队在依据附图中 1 号商业楼结构基础施工图中任选一个独立基础进行微模制作。

2. 知识准备：①熟读所选独立基础的平面注写内容。②绘制独立基础配筋平面图（每人一份，计入答辩成绩）。③计算独立基础底板钢筋的下料长度（每组一份，计入本组所有成员成绩）。

3. 材料准备：各队成员自行进行材料准备：铁丝若干和彩色胶带若干（不同位置或不同级别的钢筋采用不同颜色以示区别），钳子（每组一把）、绑丝（扎带）若干。

4. 微模施工：采用翻转课堂的形式，各队成员利用业余时间组织微模施工，钢筋下料长度按 1∶5 的比例缩小进行制作。

5. 自查互查：微模成型后各队工长和技术负责人组织自查互查，发现问题进行整改。

6. 辩前准备：各施工队在工长的组织下，由技术负责人对照图纸和微模，对本组成员进行辩前辅导，答辩问题包括集中标注、原位标注和钢筋构造。要求所有同学必须完成基本识图知识的学习。

2.3　条形基础的平法施工图识读

条形基础的平法施工图，有平面注写与截面注写两种表达方式。

条形基础的平面布置图，应将条形基础平面与基础所支承上部结构的柱、墙体一起绘制。当基础底面标高不同时，需注明与基础底面基准标高不同之处的范围和标高。

当梁板式基础梁的中心或板式条形基础板中心与建筑定位轴线不重合时，应标注其定位尺寸；对于编号相同的条形基础，可仅选择一个进行标注。

条形基础分为两类：一是梁板式条形基础，平法施工图将其分为基础梁和条形基础底板分别进行标注；二是板式条形基础，平法施工图仅表达条形基础底板。

2.3.1　条形基础的平面注写方式

1. 基础梁的平面注写方式

基础梁的平面注写方式包括集中标注和原位标注两部分内容，当集中标注的某项数值不适用于基础梁的某部位时，则该项数值采用原位标注，施工时，原位标注优先，如图 2-27 所示。

基础梁的集中标注内容为：基础梁编号、截面尺寸、配筋三项必注内容；基

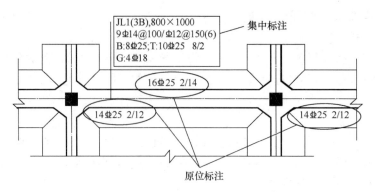

图 2-27　基础梁集中标注和原位标注示意

础梁底面标高（与基础底面基准标高不同时）和必要的文字注解两项选注内容。
具体规定如下：

（1）基础梁的集中标注

1）基础梁编号（表 2-3）。

条形基础梁及底板编号　　　　　　　　　　　　　　　表 2-3

类型		代号	序号	跨数及有无外伸
基础梁		JL	××	（××）端部无外伸
条形基础底板	坡形	TJB_P	××	（××A）一端有外伸
	阶形	TJB_J	××	（××B）两端有外伸

【例 2-11】如图 2-27 所示的 JL1（3B）中，表示 1 号基础梁，3 跨，两端
外伸。

2）基础梁截面尺寸。

① 当为等截面梁时，用 $b \times h$ 表示梁截面宽度与高度，如图 2-28 所示。

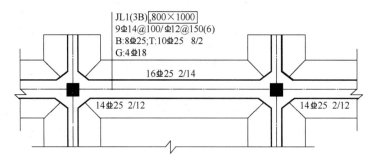

图 2-28　基础梁等截面尺寸示意

【例 2-12】如图 2-28 所示，梁截面尺寸为 800×1000，表示基础梁截面宽度为
800mm，截面高度为 1000mm。

② 当为竖向加腋梁时，用 $b \times h Y c_1 \times c_2$ 表示。其中 c_1 为腋长，c_2 为腋高，如
图 2-29 所示。

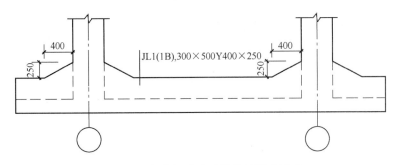

图 2-29 竖向加腋基础梁截面尺寸示意

【例 2-13】如图 2-29 所示，梁截面尺寸为 300×500Y400×250，表示基础梁梁宽 300mm，梁高 500mm，竖向加腋尺寸：腋长 400mm，腋高 250mm。

3）基础梁配筋

① 基础梁箍筋

A. 当具体设计仅采用一种箍筋间距时，注写箍筋级别、直径、间距与肢数（箍筋肢数写在括号内）。

【例 2-14】如图 2-30 所示，Φ 12@150（4），表示基础梁配置 HRB335 级箍筋，直径为 12mm，间距 150mm，4 肢箍。

B. 当设计采用两种箍筋时，用"/"分隔不同箍筋，按照从基础梁两端向跨中的顺序注写。先注写第 1 种箍筋（在前面加注箍筋道数），在斜线后再注写第 2 种箍筋（不再加注箍筋道数）。

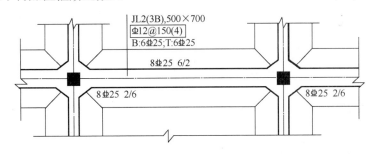

图 2-30 基础梁采用一种箍筋示意

【例 2-15】如图 2-31 所示，9 Φ 14@100/Φ 12@150（6），表示基础梁配置两种间距的 HRB335 级箍筋，其中从梁两端起向跨内采用直径为 14mm 的钢筋，间距 100mm，每端各设置 9 道，梁其余部位的箍筋直径为 12mm，间距 150mm，均为 6 肢筋。

施工时应注意，当两向的基础梁相交的柱下区域，应用截面较高的一向基础梁箍筋贯通设置；当两向基础梁高度相同时，任选一向基础梁箍筋贯通设置。

② 基础梁底部、顶部及侧面纵向钢筋

A. 以 B 打头，注写梁底部贯通纵筋。当跨中所注根数少于箍筋肢数时，需要在跨中增设梁底部架立筋以固定箍筋，采用"+"将贯通纵筋与架立筋相连，架

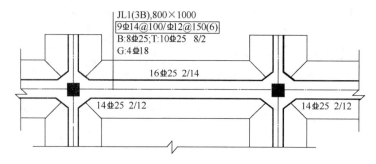

图 2-31　基础梁采用两种箍筋示意

立筋注写在"+"后面的括号内。以 T 打头，注写梁顶部贯通纵筋。注写时用分号";"将底部与顶部贯通纵筋分隔开。如有个别跨与其不同者则进行原位注写。

B. 当梁底部或顶部贯通纵筋多于一排时，用"/"将各排纵筋自上而下分开。

【例 2-16】如图 2-32 所示，B：8 ⊈ 25；T：10 ⊈ 25　8/2，表示梁底部配置 HRB400 级贯通纵筋，8 根，直径 25mm；梁顶部配置 HRB400 级贯通纵筋，直径为 25mm，上一排为 8 根，下一排为 2 根，共 10 根钢筋。

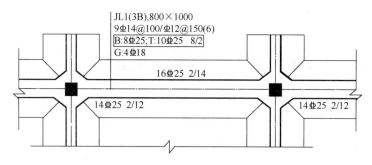

图 2-32　基础梁底部、顶部钢筋示意

C. 以大写字母 G 打头注写梁两侧面对称设置的纵向构造钢筋的总配筋值。

【例 2-17】如图 2-32 所示，G4 ⊈ 18，表示梁侧面共配置 4 根直径 18mm 的 HRB400 级纵向构造钢筋，梁每个侧面 2 根。

D. 当需要配置抗扭纵向钢筋时，梁侧面设置的抗扭纵向钢筋以 N 打头。

【例 2-18】N6 ⊈ 18，表示梁侧面共配置 6 根直径 18mm 的 HRB400 级纵向抗扭钢筋，梁每个侧面 3 根，均匀对称设置。

4）注写基础梁底面标高（选注内容）

当条形基础的底面标高与基础底面基准标高不同时，将条形基础底面标高注写在"（　）"内。

5）必要的文字注解（选注内容）

当基础梁的设计有特殊要求时，宜增加必要的文字注解。

（2）基础梁的原位标注

1）基础梁支座的底部纵筋，指包含贯通纵筋与非贯通纵筋在内的所有纵筋。

① 当底部纵筋多于一排时，用"/"将各排纵筋自上而下分开。

【例 2-19】如图 2-33 所示，梁支座处注写 8 Φ 25 2/6，表示在此处基础梁底部柱下区域配置 8 Φ 25 的纵筋，上一排 2 Φ 25，下一排 6 Φ 25。

② 当同排纵筋有两种直径时，用"＋"将两种直径的纵筋相连。

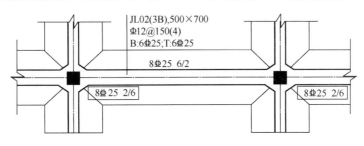

图 2-33　底部纵筋多于一排钢筋示意

【例 2-20】如图 2-34 所示，梁支座处注写 6 Φ 25＋2 Φ 22，表示在此处基础梁底部柱下区域共配置 6 Φ 25＋2 Φ 22 的纵筋，其中有 6 根 Φ 25 和 2 根 Φ 22 的钢筋。

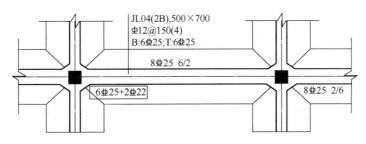

图 2-34　底部同排纵筋有两种直径示意

③ 当梁支座两边的底部纵筋配置不同时，需在支座两边分别标注；当梁支座两边的底部纵筋配置相同时，可仅在支座的一边标注。

【例 2-21】如图 2-35 所示，①轴处梁支座两边底部纵筋配置相同，均为 4 Φ 25＋2 Φ 22 的纵筋；②轴处梁支座两边底部纵筋配置不同，左侧配置 4 Φ 25＋2 Φ 22 的纵筋，右侧配置 6 Φ 25 的纵筋，分两排布置，上排 2 根，下排 4 根。

④ 当梁支座底部全部纵筋与集中注写的底部贯通纵筋相同时，可不再重复原位标注。

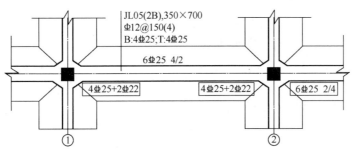

图 2-35　支座两边的底部纵筋配置不同和相同时示意

⑤ 竖向加腋梁加腋部位钢筋，需在设置加腋的支座处以 Y 开头注写在括号内。

【例 2-22】 如图 2-36 所示，梁支座处注写（Y4Φ22），表示竖向加腋部位的斜纵筋为 4Φ22。

2）原位注写基础梁外伸部位的变截面高度尺寸。当基础梁外伸部位采用变截面高度时，在该部位原位注写 $b \times h_1/h_2$，h_1 为根部截面高度，h_2 为尽端截面高度。

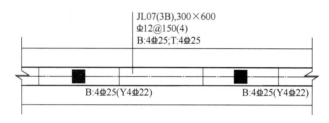

图 2-36 竖向加腋梁加腋部位钢筋示意

【例 2-23】 如图 2-37 所示，基础梁外伸部位注写 300×600/300，表示基础梁截面宽度为 300mm，根部截面高度为 600mm，尽端截面高度 300mm。

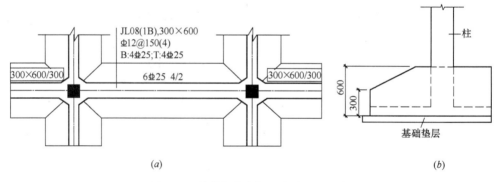

图 2-37 外伸部位变截面高度尺寸示意

3）注写基础梁的附加箍筋或（反扣）吊筋。当两向基础梁十字交叉，但交叉位置无柱时，应根据需要设置附加箍筋或（反扣）吊筋。

将附加箍筋或（反扣）吊筋直接画在平面图中条形基础主梁上，原位直接引注总配筋值（附加箍筋的肢数注在括号内），如图 2-38 所示。

2. 条形基础底板的平面注写方式

条形基础底板 TJB$_P$、TJB$_J$ 的平面注写方式，包括集中标注和原位标注两部分内容。

（1）条形基础底板的集中标注

条形基础底板的集中标注内容为：条形基础底板编号、截面竖向尺寸、配筋三项必注内容；条形基础底板的标高（与基础底面基准标高不同时）、必要的文字

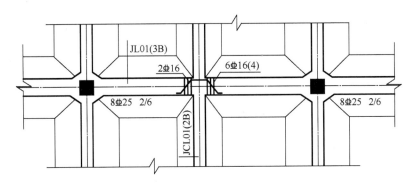

图 2-38　基础梁的附加箍筋、（反扣）吊筋示意

注解两项选注内容。具体规定如下：

1）注写条形基础底板编号

条形基础底板的编号由代号＋序号＋（跨数和有无外伸）三部分组成。条形基础通常采用坡形截面或单阶形截面。阶形截面编号加下标"J"；坡形截面编号加下标"P"（表 2-2）。

【例 2-24】 TJB_P3（6B）：表示 3 号坡形条形基础底板，6 跨，两端有外伸。

2）注写条形基础底板截面竖向尺寸

当条形基础底板为坡形截面时，注写为 h_1/h_2；当条形基础底板为单阶形截面时，注写如图 2-39 所示；当为多阶时各阶尺寸自下而上以"/"分隔顺写。

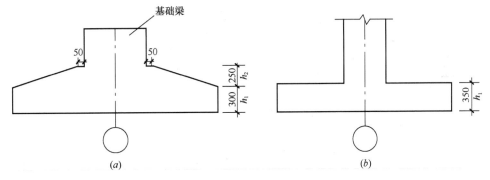

图 2-39　条形基础底板竖向尺寸注写示意
（a）坡形截面；（b）阶形截面

【例 2-25】 如图 2-39 所示坡形截面竖向尺寸注写为 300/250，时，表示基础边缘高度 $h_1＝300mm$，坡段高度 $h_2＝250mm$，基础底板根部总高度为 550mm。图 2-39 所示的单阶形截面竖向尺寸为 $h_1＝350mm$。

3）注写条形基础底板底部和顶部配筋

以 B 打头，注写条形基础底板底部的横向受力钢筋；以 T 打头，注写条形基础底板顶部的横向受力钢筋；注写时，用"/"分隔条形基础底板的横向受力钢筋和纵向分布钢筋，如图 2-40、图 2-41 所示。

4）注写条形基础底板底面标高（选注内容）

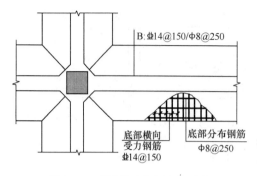

图 2-40 条形基础底板配筋示意

1）原位注写条形基础底板的平面尺寸

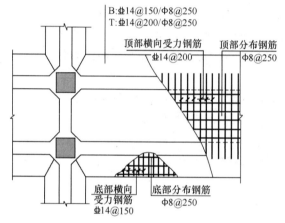

图 2-41 双梁条形基础底板配筋示意

当条形基础底板的底面标高与条形基础底面基准标高不同时，应将条形基础底板底面标高直接注写在"（　）"内。

5）必要的文字注解（选注内容）

当条形基础底板有特殊要求时，应增加必要的文字注解。

（2）条形基础底板的原位标注

条形基础底板的原位标注规定如下：

原位标注基础底板总宽度 b 和基础底板台阶宽度 b_i，$i=1$，2，…。当基础底板采用对称于基础梁的坡形截面或单阶形截面时，b_i 可不注，如图 2-42 所示。

2）原位注写修正内容

当条形基础底板的集中标注的某项内容，不适用于条形基础底板的某跨或某外伸部位时，可将其修正内容原位标注在该跨或该外伸部位，施工时原位标注优先取值。

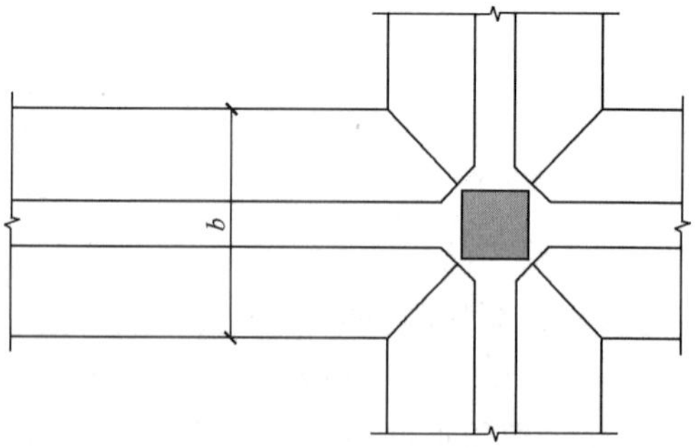

2.3.2 条形基础的截面注写方式

图 2-42 条形基础底板平面尺寸原位标注示意

条形基础的截面注写方式，可分为截面标注和列表注写（结合截面示意图）两种表达方式。采用截面注写方式，应在基础平面布置图上对所有基础进行编号，如图 2-43 所示。

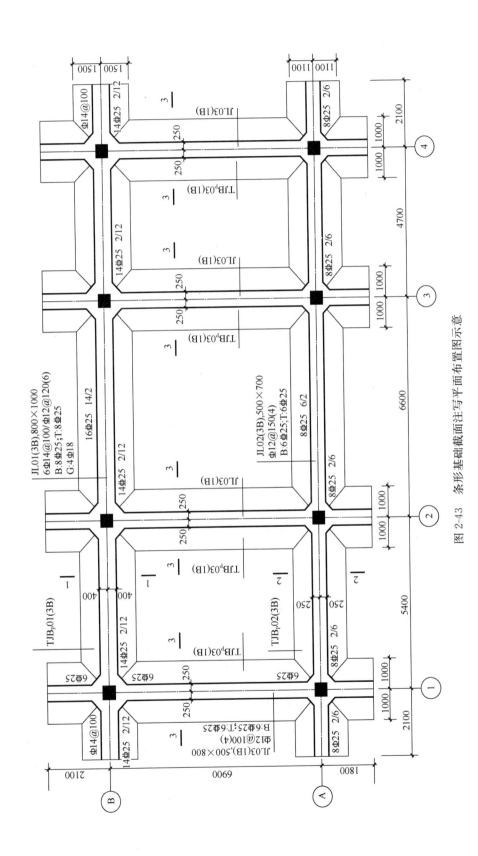

图 2-43　条形基础截面注写平面布置图示意

1. 条形基础的截面标注

对于基础平面布置图上原位标注清楚的条形基础梁和条形基础底板的水平尺寸，可不在截面图上重复表达，如图 2-44 所示。

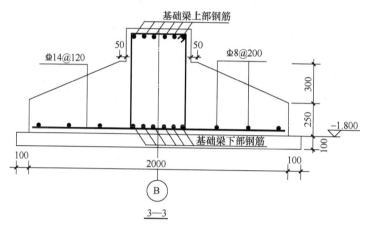

图 2-44　条形基础的截面标注

【**例 2-26**】如图 2-44 所示，截面 3—3 基础梁及基础底板的水平尺寸均在图 2-43 条形基础平面布置图上标注，所以以图 2-44 所示截面图中不再表示。

2. 条形基础底板的列表注写

对多个条形基础可采用列表注写（结合截面示意图）的方式进行集中表达，见图 2-45 及表 2-4。

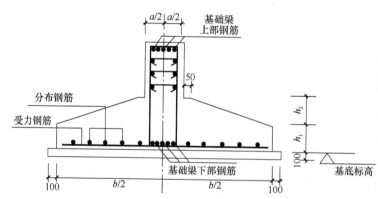

图 2-45　条形基础截面示意图

表 2-4

条基列表

序号	底板编号	截面几何尺寸（mm）			底部配筋（B）	
		b	h_1	h_2	横向受力钢筋	纵向分布钢筋
1	TJB$_P$01（3B）	3000	250	350	Φ16@100	Φ8@200
2	TJB$_P$02（3B）	2200	250	350	Φ16@150	Φ8@200
3	TJB$_P$03（1B）	2000	250	350	Φ14@150	Φ8@200

2.3.3　条形基础平法施工图构造详图解读

1. 条形基础底板的构造

（1）梁板式条形基础底板配筋构造，如图 2-46 所示。其钢筋排布图如图 2-47 所示。

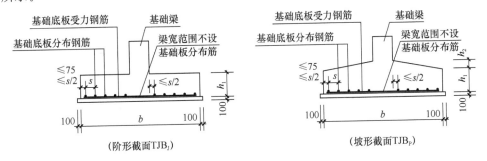

图 2-46　梁板式条形基础底板配筋构造

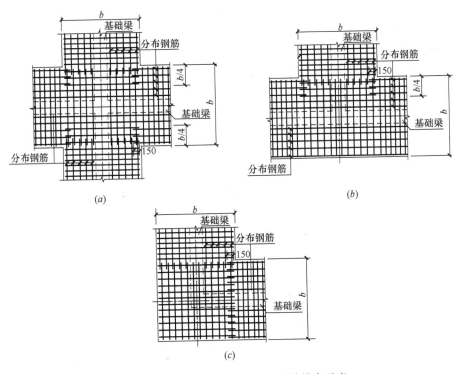

图 2-47　梁板式条形基础底板钢筋排布示意

（a）十字交接基础底板，也可用于转角梁板端部均有纵向延伸；（b）丁字交接基础底板；

（c）转角梁板端部无纵向延伸

注：1. 条形基础底板的分布钢筋在梁宽范围内不设置。

　　2. 在两向受力钢筋交接处的网状部位，分布钢筋与同向受力钢筋的搭接长度为150mm。

　　3. 基础边缘分布钢筋的起步筋位置取 min（$s/2$，75）；基础梁边分布钢筋的起步筋位置为≤$s/2$，其中 s 为分布钢筋间距。

（2）平板式条形基础底板配筋构造，如图 2-48 所示；其钢筋排布图如图 2-49 所示。

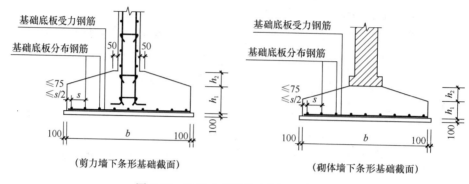

图 2-48 平板式条形基础底板配筋构造

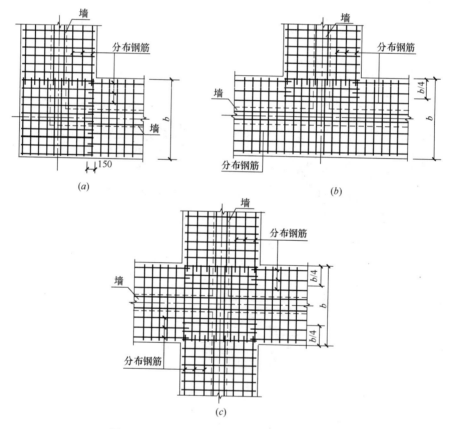

图 2-49 平板式条形基础底板钢筋排布示意

（a）转角处墙基础底板；（b）丁字交接基础底板；（c）十字交接基础底板

注：1. 在两向受力钢筋交接处的网状部位，分布钢筋与同向受力钢筋的搭接长度为 150mm。

2. 基础边缘分布钢筋的起步筋位置取 min（s/2，75），其中 s 为分布钢筋间距。基础底板的分布钢筋满布（包含墙下部分的基础底板）。

2. 条形基础梁钢筋构造

（1）条形基础梁 JL 外伸部位

条形基础梁外伸部位的钢筋构造如图 2-50 所示。

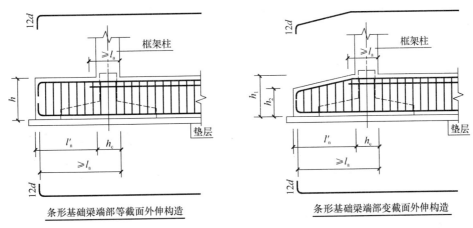

图 2-50　基础梁 JL 端部外伸构造

注：端部等（变）截面外伸构造中，当从柱内边算起的外伸长度不满足直锚要求时，基础梁下部钢筋应伸至端部后弯折 $15d$，且从柱内边算起水平段长度 $\geq 0.6l_{ab}$。

（2）基础梁 JL 底部非贯通筋的伸出长度 a_0（即底部非贯通筋截断点位置）

基础梁柱下区域底部非贯通筋的伸出长度 a_0，当配置不多于两排时，在标准构造详图中统一取值为自柱边向跨内伸出 $l_n/3$；当非贯通纵筋配置多于两排时，从第三排起向跨内的伸出长度值由设计者注明，如图 2-51 所示。

l_n 的取值规定：对于边跨边支座的底部非贯通纵筋，l_n 取本边跨的净跨长度值；对于中间支座的底部非贯通纵筋，l_n 取支座两边较大一跨的净跨长度值。

（3）基础梁 JL 纵向钢筋的连接构造

基础梁底部和顶部纵向钢筋的连接位置及连接方法如图 2-51 所示。当两毗邻顶部贯通纵筋在连接区内采用搭接、机械连接或焊接。同一连接区段内接头面积百分率不宜大于50%。当钢筋长度可穿过一连接区到下一连接区并满足连接要求时，宜穿越设置

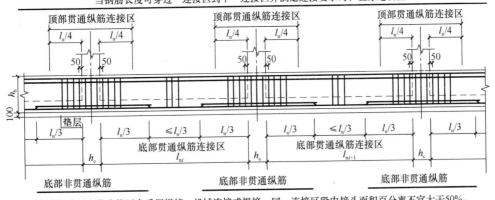

底部贯通纵筋在其连接区内采用搭接、机械连接或焊接。同一连接区段内接头面积百分率不宜大于50%。当钢筋长度可穿过一连接区到下一连接区并满足连接要求时，宜穿越设置

图 2-51　基础梁 JL 纵向钢筋与箍筋构造

跨的底部贯通纵筋配置不同时,应将配置较大一跨的底部贯通纵筋越过其标注的跨数终点或起点,伸至配置较小的毗邻跨的跨中连接区进行连接。

(4)基础梁 JL 箍筋构造

基础梁箍筋构造如图 2-52 所示。注意柱下节点区需按梁端第一种箍筋增加设置箍筋,且不计入箍筋总道数。

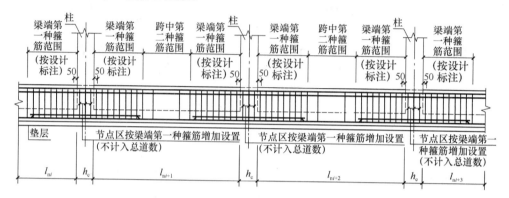

图 2-52 基础梁 JL 配置两种箍筋构造

注:当设计未注明时,基础梁的外伸部位以及基础梁端部节点内按第一种钢筋设置。

(5)附加钢筋与附加(反扣)吊筋构造(图 2-53)。

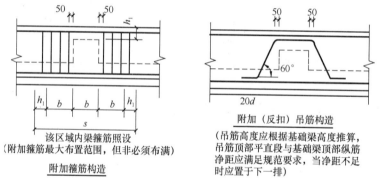

图 2-53 附加钢筋与附加(反扣)吊筋构造

(6)基础梁侧面的构造纵筋和拉筋构造(图 2-54)。

(7)基础次梁 JCL 钢筋构造

1)基础次梁 JCL 纵向钢筋与箍筋构造(图 2-55)。

2)基础次梁 JCL 端部外伸构造(图 2-56)。

3)基础次梁 JCL 配置两种箍筋构造(图 2-57)。

2.3.4 条形基础知识拓展

此项拓展有益于学生对注写方式的进一步理解,增强学生的空间想象力,同时加强学生对梁板式条形基础构造详图的理解和图集的应用能力。

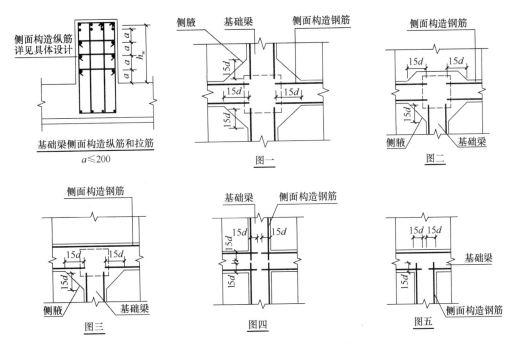

图 2-54　基础梁侧面构造纵筋和拉筋构造

注：1. 基础梁侧面纵向构造钢筋搭接长度为 15d。十字相交的基础梁，当相交位置有柱时，侧面构造纵
　　　筋锚入梁包柱侧腋内 15d（见图一）；当无柱时，侧面构造纵筋锚入交叉梁内 15d（见图四）。丁
　　　字相交的基础梁，当相交位置无柱时，横梁外侧的构造纵筋应贯通，横梁内侧的构造纵筋锚入交
　　　叉梁内 15d（见图五）。
　　2. 梁侧钢筋的拉筋直径除注明者外均为 8，间距为箍筋间距的 2 倍。当设有多排拉筋时，上下两排
　　　拉筋竖向错开设置。
　　3. 基础梁侧面受扭纵筋的搭接长度为 l_l，其锚固长度为 l_a，锚固方式同梁上部纵筋。

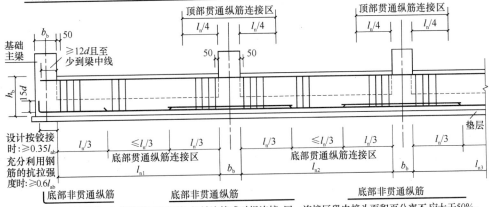

图 2-55　基础次梁 JCL 纵向钢筋与箍筋构造

注：对于端支座，l_n 取本跨的净跨长度值；对于中间支座，l_n 取支座两边较大一跨的净跨长度值。

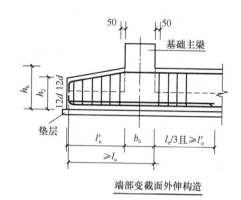

图 2-56 基础次梁 JCL 端部外伸构造

注：端部等（变）截面外伸构造中，当从基础主梁内边算起的外伸长度不满足直锚要求时，基础
　　次梁下部钢筋应伸至端部后弯折 15d，且从梁内边算起水平段长度≥0.6l_{ab}。

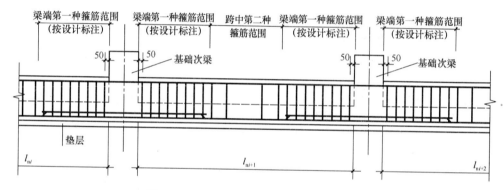

图 2-57 基础次梁 JCL 配置两种箍筋构造

　　某框架结构，基础为梁板式条形基础，抗震等级三级，基础梁轴线居中；基础混凝土强度 C30，垫层混凝土强度 C15，厚度 100mm，垫层每边宽出基础底边 100mm；基础保护层厚度为 40mm；框架柱尺寸均为 500mm×500mm，轴线居中，如图 2-58 所示。

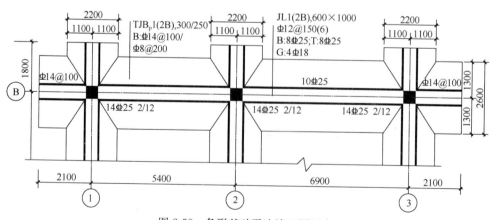

图 2-58 条形基础平法施工图示意

试计算：（1）TJB_P1底板钢筋长度、分布筋的起步距离；并绘制基础底板钢筋排布图。

（2）绘制基础截面配筋图。

1. 计算 TJB_P1 钢筋

（1）最外侧 Y 向受力钢筋长度：$L_1 = 2600 - 2 \times 40 = 2520$mm；

（2）中间 Y 向受力钢筋长度：因为基础宽度 2600mm>2500mm，所以钢筋长度为基础底板宽度的 0.9 倍。$L_2 = 2600 \times 0.9 = 2340$mm，并交错布置。

（3）分布筋距基础边缘的起步筋位置 $= \min(s/2, 75) = \min(200/2, 75) = 75$mm。

（4）分布筋距基础梁边缘的起步筋位置 $\leqslant s/2 = 200/2 = 100$mm。

（5）基础底板钢筋排布如图 2-59 所示。

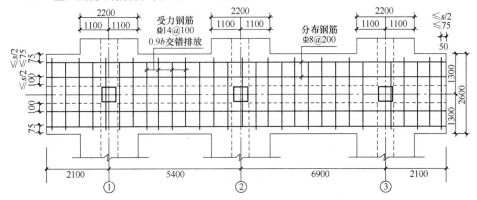

图 2-59　基础底板 TJB_P1 钢筋排布示意图（未考虑 Y 向基础梁的影响）

2. 绘制基础截面配筋图（图 2-60）

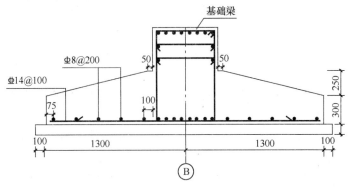

图 2-60　条形基础截面图

任务实训 2.2　条形基础平法施工图集训

任务实训 2.2.1　依据图 2-61 完成填空。

某工程为框架结构，三级抗震，基础为梁板式条形基础，基础底面标高为－1.700，基础混凝强度等级为 C30；基础垫层混凝土强度为 C15，厚 100mm，垫层每边宽出基础底边 100mm；基础底板钢筋混凝土保护层厚度为 40mm。框架柱尺寸均为 600mm×600mm，轴线居中，如图 2-61 所示。

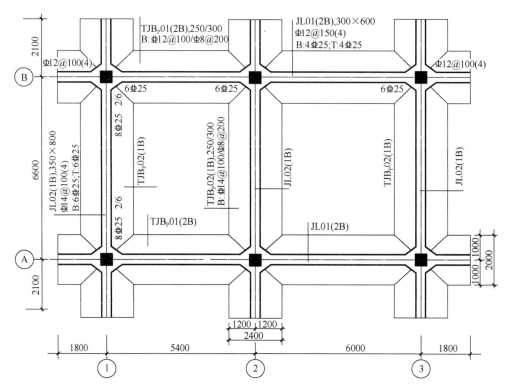

图 2-61　条形基础平法施工图示意

1. JL01 的跨数为_____，_____端有外伸；截面宽度为_____ mm，高度为_____ mm；梁底部贯通筋为_____，非贯通筋为_____，梁顶部贯通筋为_____。

2. JL01 外伸部位箍筋的级别为_____，直径为_____ mm，间距为_____ mm，肢数为_____。

3. JL01 中支座处的原位标注 6Φ25，表示基础梁_____（顶部/底部）钢筋，分_____排布置，其中_____根贯通，_____根非贯通，①轴处非贯通钢筋自柱边的截断长度为_____ mm，②轴处非贯通钢筋自柱边的截断长度为_____ mm。

4. JL02 中 8Φ25 2/6，表示基础梁_____（顶部/底部）钢筋，分_____排布置，上排_____根，下排_____根，其中_____根贯通，_____根非贯通，非贯通钢筋自柱边的截断长度为_____ mm。

5. JL02 中基础梁外伸部位，第一排钢筋伸至梁端头后上弯_____，其他排钢筋伸至端头后_____。

6. JL01 中，顶部钢筋的连接位置在_____，底部钢筋的连接位置在_____。

7. 施工时，两向基础梁相交的柱下区域，_____基础梁的箍筋贯通设置。

8. TJB_P01 的截面形式为_____，_____跨，_____处外伸，外伸部位长_____ mm；基础底板端部高_____ mm，基础总高度_____ mm；基础底板横向受力钢筋为_____，纵向分布钢筋为_____；基础边缘纵向分布钢筋起步筋距离_____ mm，基础梁边缘纵向分布钢筋起步筋距离_____ mm。

9. JL01 与 JL02 十字相交处，JL02 底板横向受力筋通长布置，则 JL01 底板横向受力筋布置的范围是_____ mm，分布钢筋与同向受力钢筋的搭接长度为_____ mm。

10. 当条形基础的宽度大于或等于 2500mm 时，横向受力钢筋的长度为_____ mm。

任务实训 2.2.2 依据注写条件完成图 2-62 条形基础的平面注写。

【注写条件】

JL01：2 跨，两端有外伸；

截面尺寸：宽为 800mm　高为 950mm；

箍筋为 HRB335 级钢筋，直径 12mm，间距 150mm，6 肢箍；

基础梁底部及顶部贯通筋均为 6 根 HRB400 级钢筋，直径 25mm；

基础梁②轴③轴这一跨，顶部配置 10 根 HRB400 级钢筋，直径 25mm；

基础梁②轴支座处底部配置 14 根 HRB400 级钢筋，直径 25mm，分两排布置，上排 2 根，下排 12 根。

基础梁③轴支座处底部配置 16 根 HRB400 级钢筋，直径 25mm，分两排布置，上排 4 根，下排 12 根。

基础梁外伸部位的箍筋为 HRB335 级钢筋，直径 12mm，间距 100mm，4 肢箍。

TJB_P01：2 跨，两端有外伸；

截面尺寸：$h_1 = 250mm$，$h_2 = 300mm$；

基础底板横向受力钢筋为 HRB400 级钢筋，直径 14mm，间距 150mm；底板纵向分布钢筋为 HRB335 级钢筋，直径 8mm，间距 200mm。

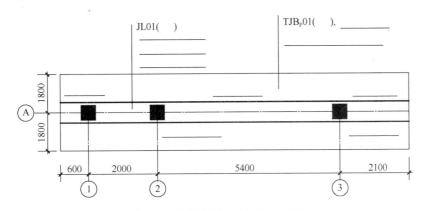

图 2-62　条形基础平法施工图示意

2.4 筏形基础的平法施工图识读

筏形基础分为平板式和梁板式两大类，如图 2-5 所示。筏板基础底板的配筋如图 2-63 所示。

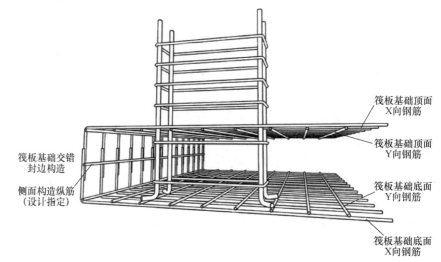

图 2-63 筏形基础底板配筋示意图

筏形基础的平法施工图，系在基础平面布置图上采用平面注写方式表达。

2.4.1 梁板式筏形基础的平法施工图识读

梁板式筏板基础的平面布置图，应将梁板式筏形基础及其所支承的柱、墙一起绘制。梁板式筏形基础以多数相同的基础平板底面标高作为基础底面基准标高。当基础底面标高不同时，需注明与基础底面基准标高不同之处的范围和标高。

梁板式筏形基础依据基础梁底面与基础平板底面的相对位置不同又可分为三种不同位置组合的筏板基础：①高板位（梁顶与板顶一平）；②中板位（板在梁的中部）；③低板位（梁底与板底一平），以方便设计表达，如图 2-64 所示。

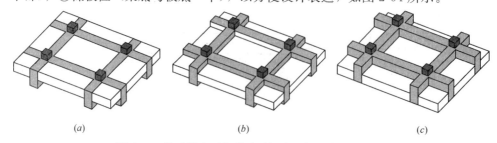

图 2-64 基础梁底面与基础平板底面相对位置示意图

(a) 高板位梁顶板顶一平；(b) 中板位板在梁中部；(c) 低板位梁底板底一平

对于轴线未居中的基础梁，应标注其定位尺寸。

1. 梁板式筏形基础构件的类型及编号

梁板式筏形基础由基础主梁、基础次梁、基础平板等构成，其编号见表 2-5。

梁板式筏型基础构件编号 表 2-5

构件类型	代号	序号	跨数及有无外伸
基础主梁（柱下）	JL	××	（××）端部无外伸
基础次梁	JCL	××	（××A）一端有外伸
梁板筏基础平板	LPB	××	（××B）两端有外伸

2. 基础主梁 JL 与基础次梁 JCL 的平面注写方式

包括集中标注和原位标注两部分内容。当集中标注某项内容不适用于基础梁某部位时，则将该项内容采用原位标注，施工时，原位标注优先取值。

（1）集中标注，应在基础主梁 JL 和基础次梁 JCL 的第一跨引出

基础主梁 JL 和基础次梁 JCL 的集中标注内容为：基础梁编号、截面尺寸、配筋三项必注内容；基础梁底面标高高差（相对于筏形基础平板底面标高）一项选注内容。注写规定与条形基础梁基本相同，见表 2-6。

（2）原位标注，基础主梁 JL 和基础次梁 JCL 的原位标注主要包括：梁支座底部纵筋、基础梁的附加箍筋或（反扣）吊筋、基础梁外伸部位变截面高度及修正内容等，注写规定与条形基础梁基本相同，见表 2-7。

施工及预算时应注意：当底部贯通纵筋经原位修正注写后，两种不同配置的底部贯通纵筋应在相毗邻跨中配置较小一跨的跨中连接区域连接。

基础主梁 JL 与基础次梁 JCL 集中标注说明 表 2-6

集中标注说明：集中标应在第一跨引出			
注写形式	表达内容	附加说明	示　例
JL××（×B） JCL××（×B）	基础主梁 JL 或基础次梁 JCL 编号，具体包括：代号＋序号（跨数及外伸情况）	（××）端部无外伸 （××A）一端有外伸 （××B）两端有外伸	JCL10（4B）表示 10 号基础次梁，4 跨，两端外伸
$b \times h$	基础梁截面尺寸，梁宽×梁高	当加腋时，用 $b \times h$ $Yc_1 \times c_2$ 表示，其中 c_1 为腋长，c_2 为腋高	600×800 Y500×350，表示基础梁梁宽 600mm，梁高 800mm，竖向加腋尺寸：腋长 500mm，腋高 350mm
××A××@×××/ ××A××@×××	第一种箍筋道数、钢筋级别、直径、间距/第二种箍筋（肢数）	Φ——HPB300；Φ——HRB335；Φ——HRB400；Φ R——HRB500	9Φ14@100/150（6）表示该基础梁从两端起向跨内各设置 9 道Φ14 间距 100mm 的箍筋，其余设置Φ14 间距 150mm 的箍筋，均为 6 肢箍

集中标注说明：集中标注应在第一跨引出			
注写形式	表达内容	附加说明	示　例
B×Φ×× ； T×Φ××	B：基础梁底部贯通筋； T：基础梁顶部贯通筋钢筋多于一排"/"分开	底部纵筋应不少于受力钢筋总截面积的1/3贯通全跨；顶部钢筋全跨贯通	B：8Φ25；T：10Φ25 2/8 表示该基础梁底部配置 8Φ25 的贯通筋，顶部配置 10Φ25 的钢筋，分两排布置，上排 2Φ25，下排 8Φ25
GΦ××或 NΦ××	梁侧面的纵向构造钢筋或抗扭纵向钢筋	为梁两个侧面纵向构造钢筋或抗扭纵向钢筋的总根数	G6Φ16 表示梁两个侧向构造钢筋共设置 6Φ16，每侧 3Φ16，对称布置
（±×.×××）	梁底面相对于筏板基础平板底面标高的高差	高"＋"低"－"，无高差不注	

注：1. 平面注写时，相同的基础主梁 JL 或基础次梁 JCL 只标注一根，其他仅注编号。

2. 在基础梁相交处位于同一层面的纵筋相交叉时，设计应注明何梁纵筋在下，何梁纵筋在上。

基础主梁 JL 与基础次梁 JCL 原位标注（含贯通筋）说明　　　　表 2-7

原位标注（含贯通筋）的说明			
注写形式	表达内容	附加说明	示　例
梁支座底部纵筋 ×Φ××	梁支座底部纵筋的根数、钢筋级别和直径。 多于一排，"/"相隔； 两种直径，"＋"相连； 支座两边相同，只注一侧； 支座两边不同，分别注写； 与集中标注相同，则不注； 如加腋，Y 打头注在支座处的（）内	注写在梁底部靠近支座处。 为该区域底部包含贯通筋和非贯通筋的所有纵筋	 16Φ25　4/12 表示此处支座两边底部纵筋配置相同，均为 16Φ25 的钢筋，分两排布置，上排 4 根，下排 12 根
附加箍筋 ×Φ××（×） （反扣）吊筋 ×Φ××	附加箍筋的总根数（两侧均分）、钢筋级别、直径和肢数。（反扣）吊筋的根数、钢筋级别、直径	基础梁十字交叉，但交叉位置无柱时，直接画在平面图中条形基础主梁上	 6Φ10(6) 2Φ20 表示此处基础主次梁相交部位，在基础主梁上布置 6Φ10 的附加箍筋，每侧 3Φ10，6 肢箍；同时此处尚应布置 2Φ20 的附加（反扣）吊筋

	原位标注（含贯通筋）的说明		
注写形式	表达内容	附加说明	示　例
基础梁外伸部位 $b×h_1/h_2$	基础梁外伸部位 梁截面宽度×梁根部截面高度/梁端部截面高度		600×900/700 表示该基础梁外伸部位的截面宽度为600mm，基础梁根部的截面高度为900mm，端部的截面高度为700mm
修正内容	当基础梁集中标注的某项内容不适用于某跨或外伸部位时，则将其修正内容原位标注在某跨或外伸部位	施工及预算时，原位标注优先取值	JL01(2B) 800×950 Φ12@150(6) B:6Φ25;T:6Φ25 10Φ25 14Φ25 2/12 表示支座两边底部纵筋均为14Φ25的钢筋，分两排布置，上排2根，下排12根，跨中底部贯通纵筋为6Φ25；该跨梁顶部贯通纵筋为10Φ25

3. 梁板式筏形基础平板的平面注写方式

梁板式筏形基础平板 LPB 的平面注写，包括集中标注和原位标注两部分内容。

板区划分条件：板厚相同、基础底板的底部与顶部贯通纵筋配置相同的区域，为同一板区。

图面坐标方向：从左至右 X 向，从下至上 Y 向。

（1）梁板式筏形基础平板 LPB 的集中标注。

标注位置：在所表达的板区双向均为第一跨（X 与 Y 双向首跨）的板上引注，如图 2-65 所示。

集中标注的内容规定如下：

1）基础平板的编号见表 2-5。

2）基础平板的截面尺寸（即基础平板板厚）。注写方式"$h=×××$"。

【例 2-27】如图 2-65 所示，$h=800$，表示此基础平板的板厚为 800mm。

3）基础平板的底部与顶部贯通纵筋及跨数和外伸情况。

注写方式：X：B（底部）贯通纵筋；T（顶部）贯通纵筋；（跨数和有无外伸）。

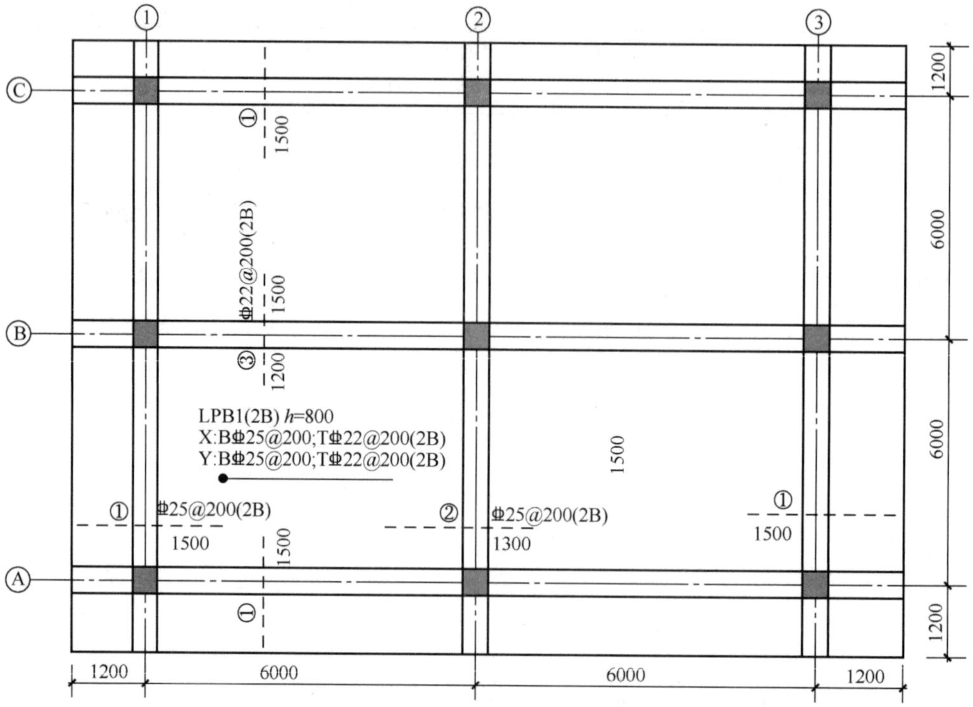

图 2-65　梁板式筏形基础平板 LPB 的平面注写方式示例

Y：B（底部）贯通纵筋；T（顶部）贯通纵筋；（跨数和有无外伸）。

【例 2-28】 如图 2-65 所示，X：B Φ 25@200；T Φ 22@200；（2B）。Y：B Φ 25@200；T Φ 22@200；（2B）。

表示基础底板 X 方向底部配置Φ 25@200 的贯通纵筋，顶部配置Φ 22@200 的贯通纵筋，共 2 跨，两端有外伸；Y 方向底部配置Φ 25@200 的贯通纵筋，顶部配置Φ 22@200 的贯通纵筋，共 2 跨，两端有外伸。

当贯通纵筋采用两种规格的钢筋时，则“隔一布一”。

【例 2-29】 Φ 10/12@100，表示贯通纵筋为Φ 10、Φ 12 隔一布一，相邻Φ 10 与Φ 12 钢筋间距为 100mm。

施工及预算时应注意：当基础平板分板区进行集中标注，且相邻板区板底一平时，两种不同配置的底部贯通纵筋应在相毗邻跨中配筋较小板跨的跨中连接区域连接。

（2）梁板式筏形基础平板 LPB 的原位标注（图 2-65）。

1）板底部附加非贯通纵筋

① 标注位置：在配置相同跨的第一跨表达（当基础梁悬挑部位单独配置时则在原位表达）。

② 表达方式：在配置相同跨的第一跨（或基础梁外伸部位），垂直于基础梁绘制一段中粗虚线（当该筋通常设置在外伸部位或短跨下部时，应画至对边或贯通短跨）。

A. 在虚线上注写编号、配筋值、横向布置的跨数及是否布置到外伸部位。

B. 在虚线下注写底部附加非贯通筋自支座中线向两边跨内的伸出长度。

两侧对称伸出，只注一侧，如图 2-65 的②号非贯通筋所示。

两侧不对称伸出，分别注写；如图 2-65 的③号非贯通筋所示。

边梁下向基础平板外伸一侧的伸出长度与方式按标准构造，设计不注。如图 2-65 的①号非贯通筋所示。

C. 底部附加非贯通纵筋相同者，可仅注写一处，其他只注写编号，如图 2-65 所示。

D. 原位注写的底部附加非贯通纵筋与集中标注的底部贯通钢筋，宜采用"隔一布一"的布置方式。

【例 2-30】如图 2-65 所示，垂直于①轴基础平板第一跨注写①Φ 25@200 (2B)，表示①轴基础梁下板底部设置Φ 25@200 的非贯通筋，该非贯通筋在第一跨、第二跨和两个外伸部位都要布置，与底部 X 方向的贯通筋Φ 25@200 隔一布一，即此支座处实际 X 方向的底部纵筋为Φ 25@100。

【例 2-31】如图 2-65 所示，①轴上基础平板第一跨注写①Φ 25@200（2B）非贯通筋，自支座中线向右侧跨内的伸出长度为 1500mm，左侧没注，应按构造要求伸至筏板基础边缘做封边构造。②轴上的②Φ 25@200（2B）非贯通筋，左右两侧自支座中线向跨内的伸出长度均为 1300mm。

2）注写修正内容

当集中标注的某项内容不适用于梁板式筏形基础平板 LPB 某板区的某一板跨时，应由设计者在该板跨内注明，施工和预算时按注明内容取用。

3）当若干基础梁下基础平板 LPB 的底部附加非贯通筋纵筋配置相同时，可仅在一根梁下做原位注写，并在其他梁上注明"该梁下基础平板底部附加非贯通纵筋同××基础梁"。

4）梁板式筏形基础平板 LPB 的平面注写规定，同样适用于平板式筏形基础上局部有剪力墙的情况。

（3）图中应注明的其他内容

1）后浇带 HJ

后浇带的注写方式如图 2-66 所示，后浇带的平面形状和定位由平面布置图表达，引注内容包括：

① 后浇带的编号及留筋方式，通常提供的留筋方式有"贯通"和"100%搭接"两种。

② 后浇带的混凝土强度等级。宜采用补偿收缩混凝土，设计应注明相关施工要求。

③ 设计者应注明后浇带下附加防水层的做法。

2）基坑 JK

基坑 JK 的注写方式如图 2-67 所示，在平面布置图上应标注基坑 JK 的定位尺寸，引注内容规定如下：

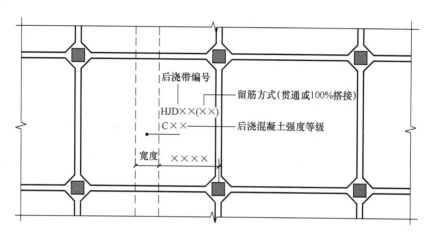

图 2-66 后浇带 HJD 引注图示

① 基坑编号 JK××。

② 基坑几何尺寸，表达方式："基坑深度 h_k/基坑平面尺寸 $x×y$"。x 为 X 方向基坑宽度，y 为 Y 方向基坑宽度。

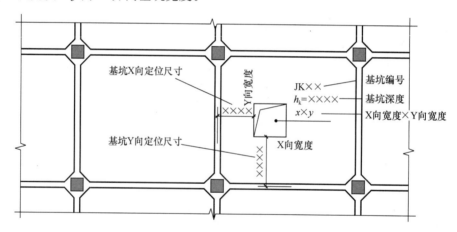

图 2-67 基坑 JK 引注图示

3）注明基础平板周边沿侧面设置的侧面构造纵筋，图 2-73 所示为侧面封边构造。

4）注明基础平板外伸部位的封边方式，基础平板外伸部位的封边方式有两种：纵筋弯钩交错封边和 U 形钢筋封边，如图 2-73 所示，当采用 U 形钢筋封边时应注明其规格、直径和间距。

5）当基础平板外伸变截面时，应注明外伸部位的 h_1/h_2，h_1 为板根部的截面高度，h_2 为板端部截面高度。

6）当基础平板厚度大于 2m 时，应注明具体构造要求。

7）当基础平板外伸部位阳角设置放射筋时，应注明放射筋的强度等级、直径、根数以及设置方式，如图 2-68 所示。

8）板的上、下部纵筋之间设置拉筋时，应注明拉筋的强度等级、直径、双向间距等。

【例 2-32】Φ 12 @ 400 @ 400，表示板上、下部纵筋之间设置 HRB400 级直径 12mm 的拉筋，X 方向和 Y 方向拉筋间距均为 400mm。

9）应标注混凝土垫层厚度与强度等级。

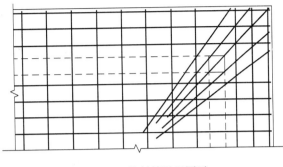

图 2-68　放射筋设置图示

10）当基础平板同一层面的纵筋交叉时，应注明何向纵筋在下，何向纵筋在上。

11）设计需注明的其他内容。

4. 梁板式筏板基础平法施工图构造详图解读

（1）梁板式筏板基础基础梁 JL 钢筋构造

1）梁板式筏形基础梁 JL 端部与外伸部位钢筋构造如图 2-69 所示。

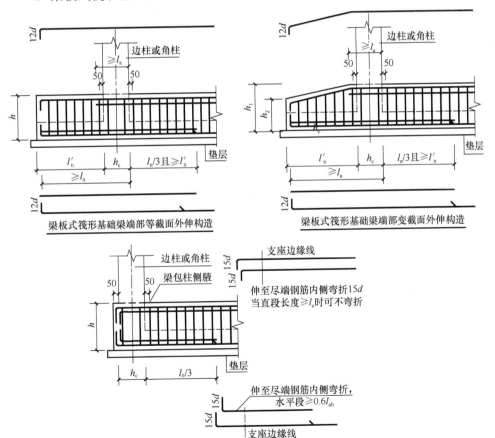

图 2-69　梁板式筏形基础梁 JL 端部与外伸部位钢筋构造

注：端部等（变）截面外伸构造中，当从柱内边算起的外伸长度不满足直锚要求时，基础梁下部钢筋应伸至端部后弯折 15d，且从柱内边算起水平段长度≥0.6l_{ab}。

2）基础梁 JL 底部非贯通筋的伸出长度 a_0（即底部非贯通筋截断点位置）。

基础梁柱下区域底部非贯通筋的伸出长度 a_0，当配置不多于两排时，在标准构造详图中统一取值为自柱边向跨内伸出 $l_n/3$。当非贯通纵筋配置多于两排时，从第三排起向跨内的伸出长度值由设计者注明，如图 2-51 所示。

l_n 的取值规定：对于边跨边支座的底部非贯通筋，l_n 取本边跨的净跨值；对于中间支座的底部非贯通筋，l_n 取支座两边较大一跨的净跨值。

3）基础梁 JL 纵向钢筋的连接构造

基础梁底部和顶部纵向钢筋的连接位置及连接方法如图 2-51 所示。当两毗邻跨的底部贯通纵筋配置不同时，应将配置较大一跨的底部贯通纵筋越过其标注的跨数终点或起点，伸至配置较小的毗邻跨的跨中连接区进行连接。

4）基础梁 JL 箍筋构造

基础梁箍筋构造如图 2-52 所示。注意柱下节点区需按梁端第一种箍筋增加设置箍筋，且不计入箍筋总道数。

5）附加钢筋与附加（反扣）吊筋构造，如图 2-53 所示。

6）基础梁侧面的构造纵筋和拉筋构造，如图 2-54 所示。

7）基础梁 JL 梁底不平和变截面部位的钢筋构造如图 2-70 所示。

基础梁钢筋锚固长度为 l_a，但要注意梁顶不平时，标高较高的高梁上部钢筋的锚固要求：第一排纵筋伸至尽端留保护层弯折，锚固长度自低梁梁顶起算为 l_a；第二排纵筋伸至尽端钢筋内侧弯折 $15d$，当直段长度 $\geq l_a$，可不弯折。

8）基础次梁 JCL 钢筋构造：基础次梁纵筋和箍筋构造及基础次梁端部外伸部位的构造如图 2-55～图 2-57 所示。

9）基础次梁 JCL 梁底不平和变截面部位的钢筋构造如图 2-71 所示。

（2）梁板式筏形基础平板 LPB 钢筋构造

1）梁板式筏形基础平板 LPB 端部及外伸部位的钢筋构造如图 2-72 所示。

① 板上部纵筋在支座内的锚固长度 $\geq 12d$，且至少到支座中线；有外伸时应伸到外伸尽端（留保护层），向下弯折 $12d$。

② 板下部贯通及非贯通纵筋，有外伸时，均伸至尽端（留保护层），向上弯折 $12d$；无外伸时，均伸至尽端钢筋内侧，向上弯折 $15d$，同时，伸入端支座的平直段长度应满足设计规定。

2）梁板式筏形基础平板 LPB 板边缘侧面封边构造有两种：纵筋弯钩交错封边和 U 形钢筋封边，如图 2-73 所示。

3）梁板式筏形基础平板 LPB 贯通纵筋的连接构造，如图 2-74 所示。贯通纵筋在连接区内采用搭接、机械连接或焊接，同一区段内接头面积百分率不宜大于 50%。当钢筋长度可穿越一连接区到下一连接区并满足要求时，宜穿越设置。

4）梁板式筏形基础平板 LPB 变截面部位钢筋构造如图 2-75 所示。

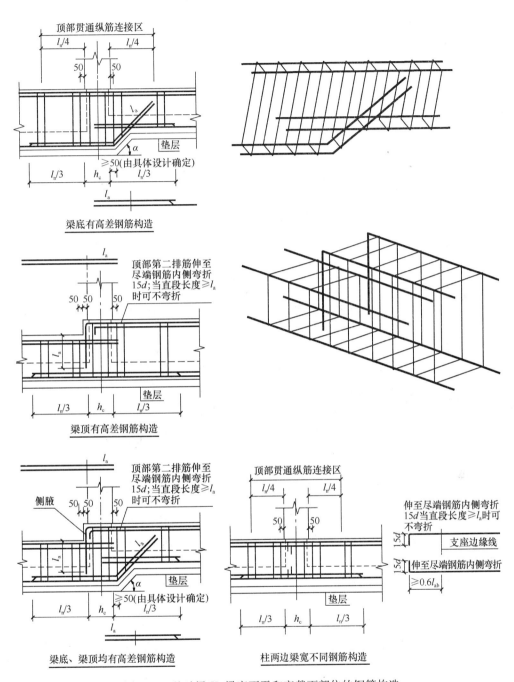

梁底有高差钢筋构造

梁顶有高差钢筋构造

梁底、梁顶均有高差钢筋构造

柱两边梁宽不同钢筋构造

图 2-70 基础梁 JL 梁底不平和变截面部位的钢筋构造

注：1. 当基础梁变标高及变截面与本图集不同时，其构造应由设计者另行设计；如果要求施工者参照图集的构造方式，应提供相应改动的变更说明。

2. 梁底高差坡度 α 根据场地实际情况可取 30°、45°或 60°角。

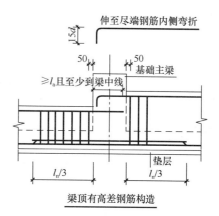

梁顶有高差钢筋构造

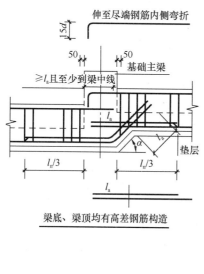

梁底、梁顶均有高差钢筋构造

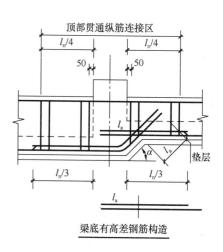

梁底有高差钢筋构造

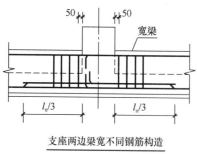

支座两边梁宽不同钢筋构造

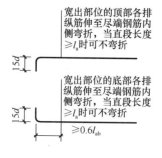

图 2-71　基础次梁 JCL 梁底不平和变截面部位的钢筋构造

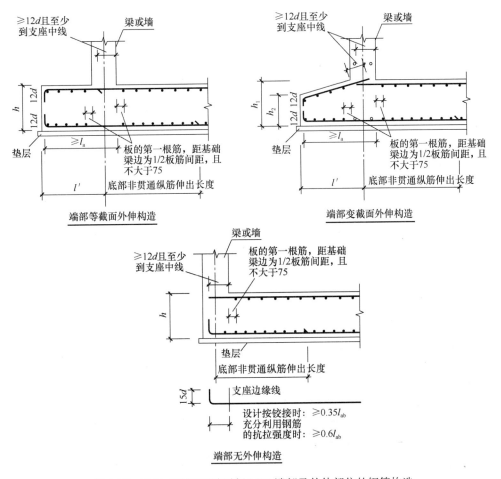

图 2-72 梁板式筏形基础平板 LPB 端部及外伸部位的钢筋构造

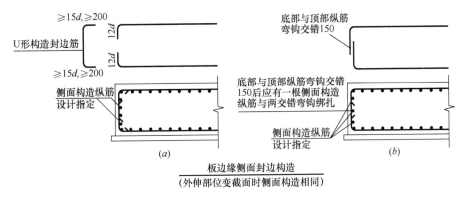

图 2-73 基础平板（LPB 和 BPB）板边缘侧面封边构造

（*a*）U 形筋构造封边方式；（*b*）纵筋弯钩交错封边方式

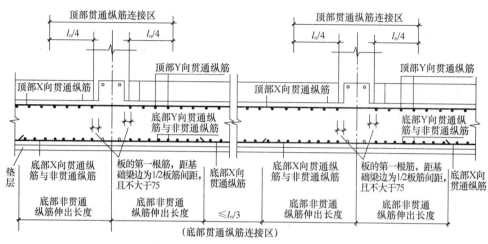

顶部贯通纵筋在连接区内采用搭接、机械连接或焊接，同一连接区段内接头面积百分比率不宜大于50%，当钢筋长度可穿过一连接区到下一连接区并满足要求时，宜穿越设置

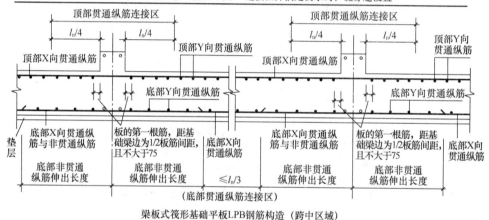

梁板式筏形基础平板LPB钢筋构造（跨中区域）

图 2-74　梁板式筏形基础平板 LPB 钢筋构造

注：1. 基础平板同一层面的交叉纵筋，何向纵筋在下，何向纵筋在上，应按具体设计说明。

　　2. 基础梁边基础底板的顶部和底部起步筋的位置：距梁边 min（$s/2$, 75），其中 s 为同向基础平板板筋间距。

2.4.2　平板式筏形基础的平法施工图识读

平板式筏形基础的平面布置图，应将平板式筏形基础与其所支承的柱、墙一起绘制。当基础底面标高不同时，需注明与基础底面基准标高不同之处的范围和标高。

图面坐标方向：从左至右 X 向，从下至上 Y 向。

平板式筏形基础的平面注写方式有两种：①划分柱下板带和跨中板带进行表达（柱下板带和跨中板带的划分如图 2-76 所示）；②按基础平板进行表达。其构件编号见表 2-8。

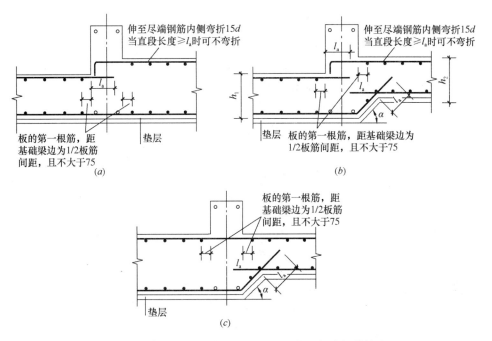

图 2-75 梁板式筏形基础平板 LPB 变截面部位钢筋构造

(a) 板顶有高差；(b) 板顶、板底均有高差；(c) 板底有高差

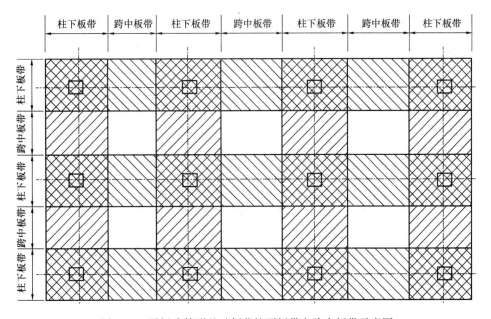

图 2-76 平板式筏形基础划分柱下板带和跨中板带示意图

平板式筏形基础构件编号 表 2-8

构件类型	代号	序号	跨数及有无外伸
柱下板带	ZXB	××	（××）端部无外伸
跨中板带	KZB	××	（××A）一端有外伸
平板式筏基础平板	BPB	××	（××B）两端有外伸

1. 柱下板带、跨中板带的平面注写方式

柱下板带和跨中板带的平面注写方式包括集中标注和原位标注两部分内容。

（1）柱下板带、跨中板带的集中标注，应在第一跨（X 向为左端跨，Y 向为下端跨）引出，具体内容包括：

1）注写编号，柱下板带和跨中板带的编号见表 2-8。

【例 2-33】 图 2-77 中的 ZXB02（2B）表示 02 号柱下板带，2 跨，两端外伸。

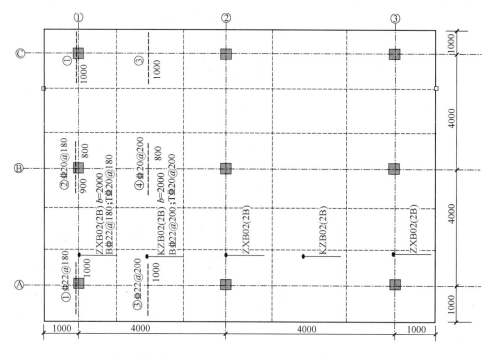

图 2-77　平板式筏形基础 Y 方向柱下板带、跨中板带平面注写方式示意图

2）注写截面尺寸，板带宽度 $b=×××$（基础平板的厚度在图中注明），当柱下板带中心线偏离柱中心线时，应在平面图上标注其定位尺寸。

【例 2-34】 图 2-77 中的 ZXB02（2B）$b=2000$ 表示该柱下板带宽为 2000mm。

当柱下板带宽度确定后，跨中板带的宽度亦随之确定，即相邻两平行柱下板带之间的距离。

3）注写底部与顶部纵筋。

注写方式：B（底部）贯通纵筋；T（顶部）贯通纵筋；（跨数和有无外伸）

【例 2-35】 图 2-77 中的 ZXB02 中，BΦ22@180；TΦ20@180，表示 Y 方向的 02 号柱下板带底部配置 Φ22@180 的贯通纵筋，顶部配置 Φ20@180 的贯通纵筋。

【例 2-36】图 2-77 中的 KZB02（2B）$b=2000$，B Φ 22@200；T Φ 20@200，表示 Y 方向的 02 号跨中板带，2 跨，两端外伸；板带宽为 2000mm，该跨中板带底部配置 Φ 22@200 的贯通纵筋，顶部配置 Φ 20@200 的贯通纵筋。

（2）柱下板带、跨中板带的原位标注

1）底部附加非贯通纵筋

表达方式：以一段与板带同向中粗虚线代表附加非贯通纵筋。柱下板带：贯穿其柱下区域绘制。跨中板带：横贯柱中线绘制（图 2-77）。

① 在虚线上注写底部非贯通筋的编号、配筋值以及自柱中线向两侧跨内的伸出长度值。

两侧对称伸出，只注一侧；如图 2-77 的④号非贯通筋所示。

两侧不对称伸出，分别注写；如图 2-77 的②号非贯通筋所示。

外伸部位的伸出长度与方式按标准构造，设计不注。如图 2-77 的③号非贯通筋所示。

② 底部附加非贯通纵筋相同者，可仅注写一处，其他只注写编号，如图 2-77 所示。

③ 原位注写的底部附加非贯通纵筋与集中标注的底部贯通钢筋，宜采用"隔一布一"的布置方式。

【例 2-37】图 2-77 中 Y 方向的柱下板带 ZXB02，边柱的柱下注写① Φ 22@180，表示在此板带宽度范围内（$b=2000$mm）此柱下设置 Φ 22@180 的非贯通筋，自柱中心线向跨内的伸出长度为 1000mm，向下部外伸部位应伸至板端部，满足端部构造要求。与底部 Y 方向的贯通筋 Φ 22@180 隔一布一。

2）注写修正内容

当在柱下板带、跨中板带上集中标注的某些内容不适用于某跨或某外伸部位时，则将其修正的数值原位注写在该跨或该外伸部位，施工时原位标注优先取值。

2. 平板式筏形基础平板 BPB 的平面注写方式

当整片板式筏形基础配筋比较规律时，宜采用 BPB 的注写方式。

平板式筏形基础平板 BPB 的平面注写方式包括集中标注和原位标注两部分内容。

（1）平板式筏形基础平板 BPB 集中标注

标注位置：在所表达的板区双向均为第一跨（X 与 Y 双向首跨）的板上引注，如图 2-78 所示。

集中标注的内容除基础平板编号外，其余同梁板式筏形基础平板 LPB 的注写相同。

1）基础平板的编号，见表 2-8。

2）基础平板的截面尺寸（即基础平板板厚）。注写方式"$h=\times\times\times$"。

【例 2-38】如图 2-78 所示，BPB1 $h=500$，表示 1 号基础平板，板厚为 500mm。

3）基础平板的底部与顶部贯通纵筋及跨数和外伸情况。

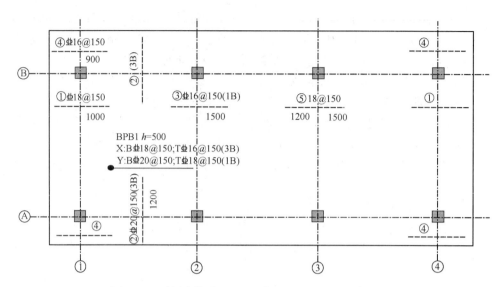

图 2-78　平板式筏形基础平板 BPB 的平面注写方式示例

注写方式：X：B(底部)贯通纵筋；T(顶部)贯通纵筋；(跨数和有无外伸)。

Y：B(底部)贯通纵筋；T(顶部)贯通纵筋；(跨数和有无外伸)。

【例 2-39】如图 2-78 所示X：B ⚊ 18@150；T ⚊ 16@150 （3B）

Y：B ⚊ 20@150；T ⚊ 18@150 （1B）

表示基础底板 X 方向底部配置⚊18@150 的贯通纵筋，顶部配置⚊ 16@150 的贯通纵筋，共 3 跨，两端有外伸；Y 方向底部配置⚊ 20@150 的贯通纵筋，顶部配置⚊ 18@150 的贯通纵筋，共 1 跨，两端有外伸。

当贯通纵筋采用两种规格的钢筋时，则"隔一布一"。

施工及预算时应注意：当基础平板分板区进行集中标注，且相邻板区板底一平时，两种不同配置的底部贯通纵筋应在相毗邻跨中，配筋较小板跨的跨中连接区域连接。

（2）平板式筏形基础平板 BPB 原位标注，主要表达横跨柱中心线下的底部附加非贯通筋，注写规定如下：

① 标注位置：在配置相同跨的第一跨表达。

② 表达方式：垂直于柱中线绘制一段中粗虚线代表底部附加非贯通筋。

A. 在虚线上注写编号、配筋值、横向布置的跨数及是否布置到外伸部位。

B. 在虚线下注写底部附加非贯通筋自支座中线向两边跨内的伸出长度。

两侧对称伸出，只注一侧；如图 2-78 的③号非贯通筋所示。

两侧不对称伸出，分别注写；如图 2-78 的⑤号非贯通筋所示。

边轴线下向基础平板外伸一侧的伸出长度与方式按标准构造，设计不注。如图 2-78①号非贯通筋所示。

C. 底部附加非贯通纵筋相同者，可仅注写一处，其他只注写编号，如图 2-78 所示。

D. 原位注写的底部附加非贯通纵筋与集中标注的底部贯通钢筋，宜采用"隔一布一"的布置方式。

【例2-40】 如图2-78所示，Ⓐ轴基础平板第一跨注写②⫫20@150（3B），表示Ⓐ轴柱中线下板底部Y方向设置⫫20@150的非贯通筋，该非贯通筋在第一跨到第三跨和两个外伸部位都要布置，与底部Y方向的贯通筋⫫20@150隔一布一，即此支座处实际Y方向的底部纵筋为⫫20@75。自支座中线向上方跨内的伸出长度为1200mm，下方没注，应按构造要求伸至筏板基础边缘做封边构造。

③ 当某些柱中线下的基础平板底部附加非贯通筋纵筋横向配置相同时（其底部、顶部的贯通纵筋可以不同），可仅在一条中心线下做原位注写，并在其他柱中心线下注明"该柱中心线下基础平板底部附加非贯通纵筋同××柱中心线"。

（3）平板式筏形基础平板BPB的平面注写规定，同样适用于平板式筏形基础上局部有剪力墙的情况。

平板式筏形基础平板BPB平法施工图中应注明的其他内容同梁板式筏形基础，在此不再重复叙述。

3. 平板式筏形基础平法施工图构造详图解读

（1）平板式筏形基础平板（ZXB、KZB、BPB）端部及外伸部位的钢筋构造如图2-79所示。

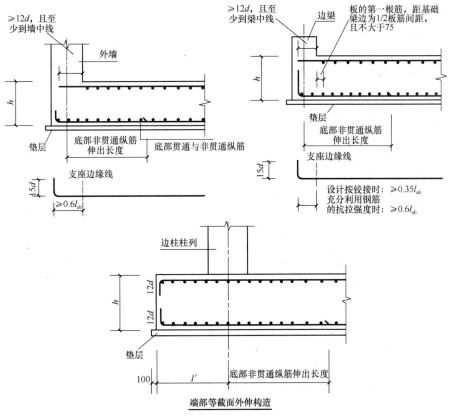

图2-79 平板式筏形基础平板（ZXB、KZB、BPB）端部及外伸部位的钢筋构造

1）板上部纵筋在支座内的锚固长度≥12d，且至少到支座（外墙或边梁）中心线。有外伸时应伸到外伸尽端（留保护层），向下弯折12d。

2）板下部贯通及非贯通纵筋，有外伸时，均伸至尽端（留保护层），向上弯折12d；无外伸时，均伸至尽端钢筋内侧，向上弯折15d。同时，伸入端支座的平直段长度应满足设计规定。

（2）平板式筏形基础平板（ZXB、KZB、BPB）板边缘侧面封边构造有两种（同LPB）：纵筋弯钩交错封边和U形钢筋封边，如图2-73所示。

（3）平板式筏形基础平板BPB贯通纵筋的连接构造，如图2-80所示。贯通纵筋在连接区内采用搭接、机械连接或焊接，同一区段内接头面积百分率不宜大于50％。

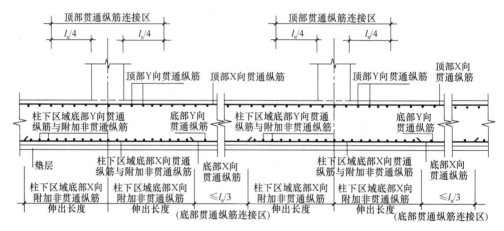

平板式筏形基础平板BPB钢筋构造（柱下区域）

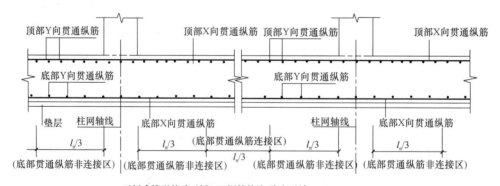

平板式筏形基础平板BPB钢筋构造（跨中区域）
（顶部贯通纵筋连接区间柱下区域）

图2-80 平板式筏形基础平板BPB钢筋构造

平板式筏形基础平板的柱下板带（ZXB）和跨中板带（KZB）的底部贯通纵筋，可在跨中1/3净跨长度范围内连接；其顶部贯通纵筋可在柱网轴线两侧各1/4净跨长度范围内连接。连接方式可采用搭接连接、机械连接和焊接，接头面积百分率不宜大于50％。

基础平板同一层面的交叉钢筋，何向纵筋在下，何向纵筋在上，应按具体设计说明。

（4）平板式筏形基础平板（ZXB、KZB、BPB）变截面部位钢筋构造，如图2-81所示。

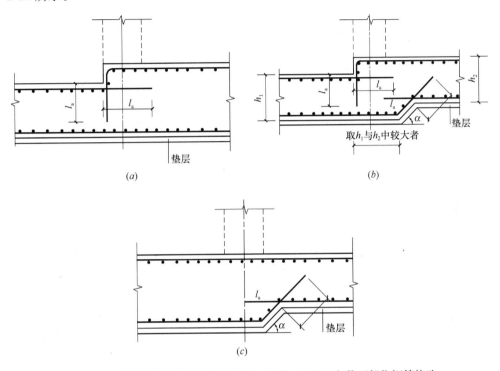

图 2-81　平板式筏形基础平板（ZXB、KZB、BPB）变截面部位钢筋构造
（a）板顶有高差；（b）板顶、板底均有高差；（c）板底有高差

平板式筏形基础平板（ZXB、KZB、BPB）钢筋的锚固长度均为 l_a，但要注意板顶标高高的一侧的上部钢筋应伸至尽端（留保护层）弯折，从低板板顶开始锚固 l_a。

2.4.3　知识拓展

此项拓展有益于学生对注写方式的进一步理解，同时加强学生对筏形基础的基础主梁和基础次梁箍筋设置的理解。

1. 基础主梁 JL 箍筋数量的计算

基础主梁 JL 箍筋数量的计算包含：第一种箍筋数量、第二种箍筋数量（如只注写一种箍筋则为各跨箍筋总数量）、外伸部位箍筋数量、柱下节点区增加设置的箍筋数量四部分组成。

【例 2-41】某梁板式筏形基础主梁 JL 一跨两端外伸，各部分尺寸及箍筋设置如图 2-82 所示，柱截面尺寸为 500×500，轴线居中。试计算该基础主梁所需箍筋数量（基础梁侧混凝土保护层厚度为 30mm）。

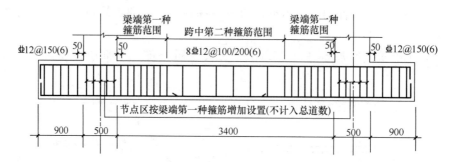

图 2-82　梁板式筏形基础主梁 JL 箍筋设置示意图

解：跨内箍筋的布置从框架柱边 50mm 开始，每跨的两端布置第一种箍筋，跨中布置第二种箍筋。

（1）第一种箍筋的数量＝8×2＝16 根。

梁端第一种箍筋范围＝箍筋间距×（箍筋根数－1）＋50＝100×（8－1）＋50＝750mm

（2）第二种箍筋的数量＝(净跨－2×梁端第一种箍筋范围)/第二种箍筋间距－1
＝(3400－2×750)/200－1＝9 根

（3）外伸部位的箍筋数量＝(外伸长度－50－保护层厚度)/外伸部位箍筋间距＋1
＝(900－50－30)/150＋1＝7 根

两侧外伸部位共需设置箍筋数量＝7×2＝14 根

（4）柱下节点区增加设置的箍筋数量＝(柱宽＋50×2)/梁端第一种箍筋间距－1
＝(500＋50×2)/100－1＝5 根

两根柱下共增加设置箍筋数量＝5×2＝10 根

该基础主梁所需 12 箍筋总根数＝16＋9＋14＋10＝49 根，均为 6 肢箍。

2. 基础次梁 JCL 箍筋数量的计算

基础次梁 JCL 箍筋数量的计算包含：第一种箍筋数量、第二种箍筋数量（如只注写一种箍筋则为各跨箍筋总数量）、外伸部位箍筋数量等三部分组成。

【例 2-42】某梁板式筏形基础次梁 JCL 一跨两端外伸，各部分尺寸如图 2-83 所示，基础次梁箍筋为 10@150（4）。试计算该基础次梁所需箍筋数量（基础梁侧混凝土保护层厚度为 30mm）。

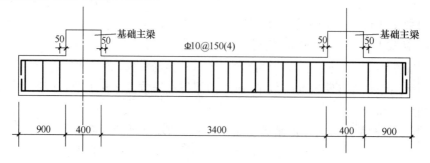

图 2-83　梁板式筏形基础次梁 JCL 箍筋设置示意图

解：跨内箍筋的布置从框架柱边 50mm 开始（如布置两种箍筋，则每跨的两端布置第一种箍筋，跨中布置第二种箍筋）。

（1）跨内箍筋数量＝（3400－50×2）/150＋1＝23 根（如设置两种箍筋则分别计算）。

（2）外伸部位的箍筋数量＝（外伸长度－50－保护层厚度）/外伸部位箍筋间距＋1＝（900－50－30）/150＋1＝7 根

两侧外伸部位共需设置箍筋数量＝7×2＝14 根

该基础次梁所需 Φ10 箍筋总根数＝23＋14＝37 根，均为 4 肢箍。

任务实训 2.3　筏形基础平法施工图集训

任务实训 2.3.1　依据附图 1 和附图 2 梁板式筏形基础平法施工图完成填空

1. 该基础的结构形式为_____，±0.000 相当于绝对标高_____，主楼筏板的底面标高为_____，裙楼范围内的底面标高为_____。

2. 基础的混凝土强度等级为_____，防水等级为_____，基础下设_____C15 混凝土垫层，垫层宽出基础边_____。

3. LPB22a 集中标注的含义：$h=2200$ _____，X B Φ32@200；T Φ32@200［一排］/_____ Φ28@200［二排］，（1A）_____。Y B Φ32@200；T Φ32@200，（1A）_____。钢筋的连接应采用_____。该筏板的中间部位需设置_____，上下层钢筋间需设置_____的拉筋，_____形布置。

4. ①～③间，Ⓐ轴基础梁下板底部设置非贯通钢筋_____，与板下部 Y 方向的贯通筋_____。该处的外伸部位是否设置非贯通筋_____，如设置，非贯通筋为_____。

5. 该结构⑥～⑦间的后浇带，为_____后浇带，设置至标高_____，Ⓔ～Ⓕ间的后浇带为_____，设置至标高_____，在_____进行浇筑。

6. ①轴上的基础梁为 JL01，其集中标注中，JL01（8B）的含义是_____，截面尺寸：梁宽为_____，梁高为_____；箍筋采用_____，梁下部通长钢筋为_____，由下而上第一跨，梁上部纵向钢筋为_____，Ⓐ轴柱下梁下部纵向钢筋为_____，跨中梁下部纵筋为_____，有_____非贯通筋，截断点位置在_____。Ⓑ轴柱下梁下部纵向钢筋为_____，Ⓔ轴柱下梁下部纵向钢筋为_____，只注一侧，说明另一侧为_____。

任务实训 2.3.2　依据附图 3 平板式筏形基础平法施工图完成填空

1. 筏形基础分为_____和_____两大类，本图的采用的是_____。

2. 平板式筏形基础的平面注写方式有两种：一是划分柱下板带和跨中板带进行表达（柱下板带和跨中板带的划分见图 2-75）；二是按基础平板进行表达。本图采用的是_____。

3. BPB01 的基础底面标高为_____，基础底板下设_____厚的 C15 混凝土垫层，基底与垫层间设_____的建筑防水层。该筏板基础平板板厚为_____，其钢筋设置：上部 X 向为＿＿＿＿，Y 向为＿＿＿＿；下部 X 向为＿＿＿＿，Y 向为＿＿＿＿，钢筋排放时＿＿＿＿方向钢筋在外。

4. 筏板基础侧面的封边构造采用 U 型封边构造，U 型封边钢筋采用＿＿＿＿的钢筋，侧面构造钢筋采用＿＿＿＿。

5. 在 BPB01 斜线范围内，按人防图集的构造的要求，在基础平板的上下钢筋网片间需加设＿＿＿＿的拉结筋。

6. 图中是否有基坑＿＿＿＿，如又有几个基坑＿＿＿＿＿＿，请绘制基坑的钢筋构造。

任务 3

柱平法施工图识读

【目标描述】

通过本任务的学习，学生能够：

（1）熟练地识读柱平法施工图。

（2）熟练应用《混凝土结构施工图平面整体表示方法制图规则和构造详图（现浇混凝土框架、剪力墙、梁、板)》16G101-1平法图集和结构规范解决实际工程问题。

任务实训：学生通过识读施工图纸并且完成集训任务，进一步提高识图能力和图集的实际应用能力。

3.1　知识准备

3.1.1　钢筋混凝土柱的类型

1. 按截面形式

可分为矩形柱、圆形柱、异形柱等，如图 3-1 所示。

2. 按施工方法

可分为现浇柱、预制柱。

(a)　　　　　*(b)*　　　　　*(c)*

图 3-1　柱截面示意图

(a) 矩形柱；*(b)* 圆形柱；*(c)* 异形柱

（1）现浇柱

是在施工现场进行柱钢筋原位绑筋、支模板、整体浇筑混凝土、养护等，用于现浇混凝土结构的施工。

（2）预制柱

是在工厂或施工现场，按照国家标准或施工图纸的设计要求预制生产的混凝土构件，待养护期结束运输到工地现场进行安装，用于装配式混凝土结构的施工。

3. 按配筋方式

可分为普通箍筋柱、螺旋箍筋柱和劲性钢筋混凝土柱，如图 3-2 所示。

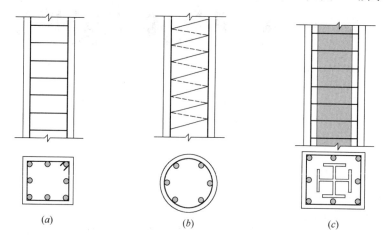

图 3-2　按配筋方式分类示意图
（a）普通箍筋柱；（b）螺旋箍筋柱；（c）劲性钢筋混凝土柱

4. 按受力情况

可分为中心受压柱和偏心受压柱，如图 3-3 所示。

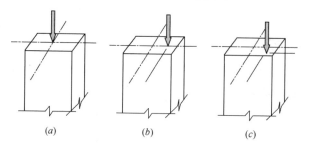

图 3-3　按受力情况分类示意图
（a）轴心受压；（b）单向偏心受压；（c）双向偏心受压

3.1.2　钢筋混凝土柱内钢筋设置

钢筋混凝土柱内的钢筋包括纵向受力钢筋和箍筋。

（1）纵向受力筋

① 作用：承受压力，同时还承受可能产生的弯矩和混凝土收缩、温度变化等

间接作用引起的拉应力，防止构件发生脆性破坏。

② 布置原则：沿柱周边对称且均匀布置。

③ 钢筋连接方式：常用连接方式有焊接连接、机械连接、绑扎搭接，如图 3-4所示。

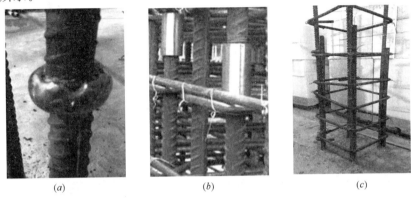

图 3-4　柱纵筋连接形式

（*a*）焊接连接；（*b*）机械连接；（*c*）绑扎搭接

（2）箍筋

作用：箍筋与纵向钢筋形成钢筋骨架，防止纵筋压曲。

形式：受压构件的周边箍筋应做封闭式，常用矩形箍筋复合形式如图 3-5所示。

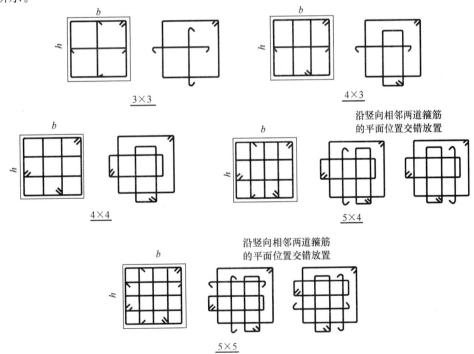

图 3-5　箍筋形式

3.1.3 结构层楼面标高和结构层高的相关信息

在柱平法施工图中，一般用表格或其他方式注明包括地下和地上各层的结构层楼（地）面标高、结构层高及相应的结构层号，如图 3-6 所示。表格各部分信息如下：

柱内钢筋设置动画

1. 结构层楼面标高

系指将建筑图中的首层地面和楼面标高值扣除建筑面层做法厚度后的标高，结构层号应与建筑楼层号对应一致。

【例 3-1】 图 3-6 层高表中二层楼面结构标高为 4.470m；三层楼面结构标高为 8.670m。

2. 结构层高

指上下两层楼面（或地面至楼面）结构标高之间的垂直距离。

【例 3-2】 图 3-6 层高表中二层层高为 $8.670-4.470=4.20m$；三层层高为 $12.270-8.670=3.60m$。

3. 上部结构的嵌固部位

当框架柱嵌固部位在基础顶面时，无须注明；当嵌固部位不在基础顶面时，在层高表嵌固部位标高下使用双细线注明，并在层高表下注明上部结构嵌固部位标高；当框架柱嵌固部位不在地下室顶板，但仍需考虑地下室顶板对上部结构实际存在嵌固作用，可以在层高表地下室顶板标高下使用双虚线注明，此时首层柱端箍筋加密区长度范围及纵筋连接位置均按嵌固部位要求设置。

【例 3-3】 图 3-6 层高表中柱嵌固部位用双细线注明为 −4.530，并在层高表下注明嵌固部位标高。而且考虑到地下室顶板对上部结构存在嵌固作用，层高表地下室顶板标高 −0.030，用双虚线注明。

3.2 柱平法施工图的表示方法

柱平法施工图，系在柱平面布置图上采用列表注写方式或截面注写方式表达。

柱平面布置图，采用适当比例将全部柱（包括框架柱、框支柱、梁上柱和剪力墙上柱等）绘制在轴线图上（或与剪力墙平面布置图合并绘制），并分别给以编号。对于轴线未居中的柱，应标注其偏心定位尺寸。

3.2.1 柱平法施工图列表注写方式

柱平法施工图的列表注写方式，系在柱平面布置图上，分别在同一编号的柱中选择一个（有时需要选择几个）截面标注几何参数、代号；在柱表中注写：柱编号、柱段起止标高、几何尺寸（含柱截面对轴线的偏心情况）与配筋的具体数值。并配以各种柱截面形状及箍筋类型图的方式，来表达柱平法施工图，如图 3-6 所示。

1. 柱表注写内容

（1）柱编号

由柱类型代号和序号组成，见表 3-1。

柱编号表

表 3-1

柱类型	代号	序号
框架柱	KZ	××
转换柱	ZHZ	××
芯柱	XZ	××
梁上柱	LZ	××
剪力墙上柱	QZ	××

注：编号时，当柱的总高、分段截面尺寸和配筋均对应相同，仅截面与轴线的关系不同时，仍可将其编为同一柱号，但应在图中注明截面与轴线的关系。

（2）各段柱的起止标高

1）自柱根部位往上以变截面位置或截面未变但配筋改变处为界分段注写。

2）框架柱和转换柱的根部标高指基础顶面标高；芯柱的根部标高指根据结构实际需要而定的起始位置标高；梁上柱的根部标高指梁顶面标高；剪力墙上柱的根部标高为墙顶面标高。

【例 3-4】图 3-6 中，KZ1 分为 4 个柱段，第一个柱段起止标高从 −4.530 到 −0.030；第二个柱段起止标高从 −0.030 到 19.470；第三个柱段起止标高从 19.470 到 37.470；第四个柱段起止标高从 37.470 到 59.070。

（3）柱的截面尺寸及定位

对于矩形柱，注写柱截面尺寸 $b \times h$ 及与轴线的平面定位参数 b_1、b_2、h_1、h_2 的具体数值。其中 $b = b_1 + b_2$，$h = h_1 + h_2$。对于圆柱，表中 $b \times h$ 一栏改用圆柱直径数字前加 d 表示。圆柱截面与轴线的关系也用 b_1、b_2、h_1、h_2 表示，并使 $d = b_1 + b_2$，$d = h_1 + h_2$，如图 3-7 所示。

以矩形柱为例，平面位置与轴线位置关系一般有三种形式：居中、偏心、与轴线平齐。三种位置关系如图 3-8 所示。

（4）柱纵筋

1）全部纵筋的注写方式：当柱的纵筋直径相同，各边的根数也相同时，将纵筋注写在"全部纵筋"一栏中。

【例 3-5】图 3-6 的柱表中，KZ1 的第一个柱段（−4.530～−0.030），采用的是全部纵筋注写方式，表明该柱段柱纵筋共配置 28 Φ 25 的钢筋；钢筋排布如图 3-9（a）所示。

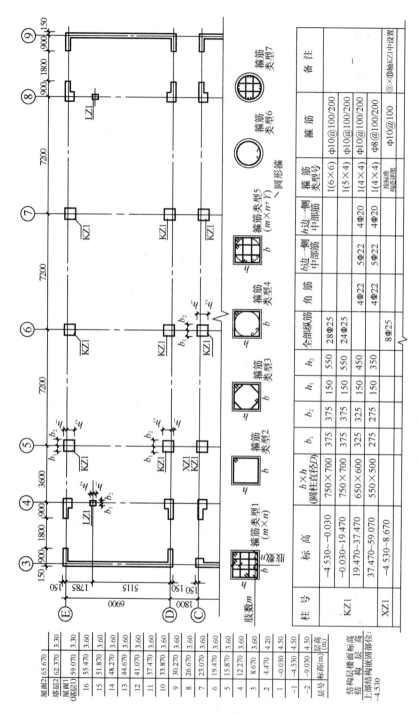

图 3-6 柱平法施工图列表注写方式示例

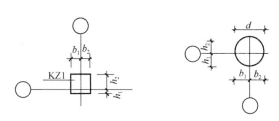

图 3-7　柱平面定位参数

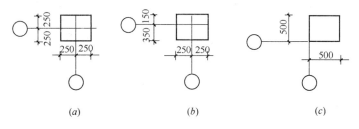

图 3-8　柱平面定位参数
（a）居中；（b）偏心；（c）与轴线平齐

2）角筋和中部筋的注写方式：柱纵筋分角筋、b 边中部筋和 h 边中部筋三项分别注写（对于采用对称配筋的矩形截面柱，可仅注写一侧中部筋，对称边省略不注）。

【例 3-6】图 3-6 的柱表中，KZ1 的第三个柱段（19.470～37.470），采用的是角筋和中部筋的注写方式，表明该柱段柱角为 4⚈22 的钢筋，b 边中部筋为 5⚈22 的钢筋，对边对称布置；h 边中部筋为 4⚈20 的钢筋，对边对称布置，则该柱段共配置 14 根⚈22 和 8 根⚈20 的钢筋，钢筋排布如图 3-9（b）所示。

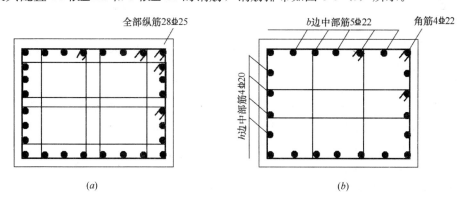

图 3-9　柱纵筋排布示意图
（a）全部纵筋；（b）角筋和中部筋

（5）柱箍筋

1）注写箍筋类型号及箍筋肢数。常见箍筋类型号如图 3-6 所示。

2）注写柱箍筋，包括箍筋级别、直径与间距。

① 当为抗震设计时，用斜线" / "区分柱箍筋加密区与非加密区箍筋的不同间距。

【例 3-7】图 3-10 中 KZ1 的注写，φ 10@100/200 表示箍筋为 HPB300 级钢筋，直径为 10mm，加密区间距为 100mm，非加密区间距为 200mm。

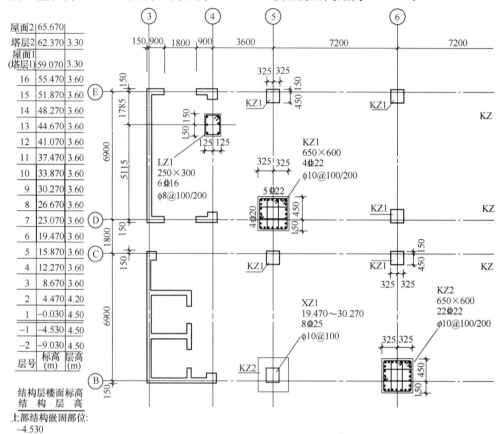

图 3-10　19.470～37.470 柱截面注写施工图示意

② 当箍筋沿柱全高为一种间距时，则不使用" / "线。

【例 3-8】图 3-10 中 XZ1 的注写，φ 10@100 表示沿柱全高范围内箍筋均为 HPB300 级钢筋，直径为 10mm，间距为 100mm。

③ 当圆柱采用螺旋箍筋时，需在箍筋前加"L"。

【例 3-9】L φ 10@100/200 表示采用螺旋箍筋，HPB300 级钢筋，直径为 10mm，加密区间距为 100mm，非加密区间距为 200mm。

④ 当柱纵筋采用搭接连接，在柱纵筋搭接长度范围内的箍筋应加密。加密区箍筋直径≥$d/4$（d 为搭接钢筋最大直径），间距应按≤$5d$（d 为搭接纵筋最小直径）及≤100mm 的间距加密。

2. 注写要求

具体工程所设计的各种箍筋类型图以及箍筋复合的具体方式，需画在表的上部或图中适当位置，并在其上标注与表中相对应的 b、h 和类型号。

3.2.2 柱截面注写内容

截面注写是在柱平面布置图上，分别在同一编号的柱中选择一个柱子，直接在其截面标注尺寸和配筋的表达方式，如图 3-10 所示。

【例 3-10】 图 3-10 中⑤轴线与①轴线相交处 KZ1，代表 1 号框架柱，柱段起自 19.470m，止于 37.470m。该柱轴线不居中，左右轮廓线距⑤轴均为 325mm，上轮廓线距①轴线 450mm，下轮廓线距①轴线 150mm，柱截面尺寸为 650mm×600mm。该柱钢筋布置：角筋为 4 Φ 22 的钢筋，b 边一侧中部筋为 5 Φ 22 的钢筋，对边对称布置；h 边中部筋为 4 Φ 20 的钢筋，对边对称布置，箍筋采用 Φ 10@100/200 的钢筋。

3.3 柱平法施工图构造详图解读

3.3.1 柱纵向钢筋在基础中构造

柱纵向钢筋在基础中的构造，如图 3-11 所示。

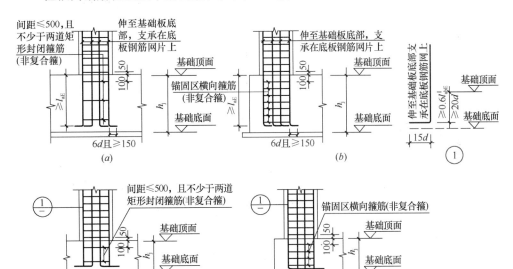

图 3-11 柱纵向钢筋在基础内构造

（a）保护层厚度>5d；基础高度满足直锚；（b）保护层厚度≤5d；基础高度满足直锚；
（c）保护层厚度>5d；基础高度不满足直锚；（d）保护层厚度≤5d；基础高度不满足直锚

注：1. 图中 h_j 为基础底面到基础顶面的高度，柱下为基础梁时，h_j 为梁底面到顶面的高度。当柱两侧基础梁标高不同时取较低标高。

2. 锚固区横向箍筋应满足直径≥d/4（d 为纵筋最大直径）；间距≤5d（d 为纵筋最小直径）且≤100 的要求。

3. 当柱纵筋在基础中保护层厚度不一致，保护层厚度≤5d 的部分应设置锚固区横向箍筋。

4. 当符合下列条件之一时，可仅将柱四角纵筋伸至底板钢筋网片上或筏形基础中间层钢筋网片上（伸至钢筋网片上柱纵筋间距不应大于 1000），其余纵筋锚固在基础顶面以下 l_{aE} 即可。
① 柱为轴心受压或小偏心受压，基础高度或基础顶面至中间层钢筋网片顶面距离不小于 1200。
② 柱为大偏心受压，基础高度或基础顶面至中间层钢筋网片顶面距离不小于 1400。

5. 图中 d 为柱纵筋直径。

1）柱纵向钢筋伸至基础底部，支承在底板钢筋网片上弯折，弯折长度：①基础高度满足直锚时，取 max（6d，150）。②基础高度不满足直锚时（柱纵向钢筋在基础内的长度需≥0.6l_{abE}且≥20d），弯折长度取 15d。

2）基础内箍筋：采用闭合箍筋（非复合箍），第一根位于基础顶面以下 100mm。

3）基础内的箍筋间距：①当保护层厚度＞5d 时，其间距≤500 且不少于两道。②当保护层厚度≤5d 时，需设置锚固区横向钢筋（数量由设计者给出）。

3.3.2 框架柱纵向钢筋的连接构造

1. 框架柱纵向钢筋的连接构造

上、下柱钢筋相同时，如图 3-12 所示。

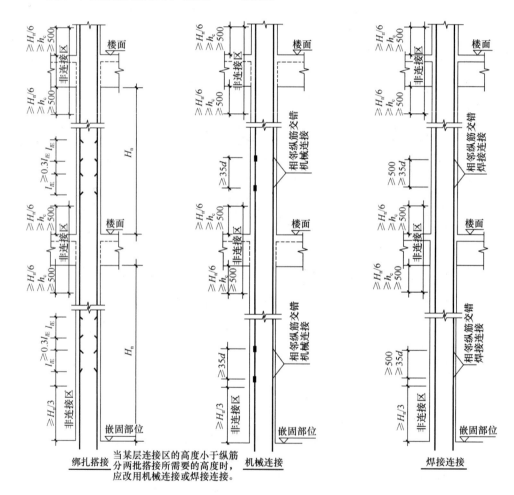

图 3-12 KZ 纵向钢筋连接构造

注：1. 柱相邻纵向钢筋连接接头相互错开，在同一连接区段内钢筋接头面积百分率不宜大于 50%。

2. 图中 h_c 为柱截面长边尺寸（圆柱为截面直径）；H_n 为所在楼层的柱净高。

框架柱纵向钢筋的连接须避开非连接区，在连接区内进行连接。连接方法可采用绑扎搭接、焊接连接和机械连接，其绑扎搭接长度及绑扎搭接、机械连接、焊接连接的要求见本教材任务 1。

2. 框架柱纵向钢筋的连接构造

上、下柱钢筋不同时，如图 3-13 所示。

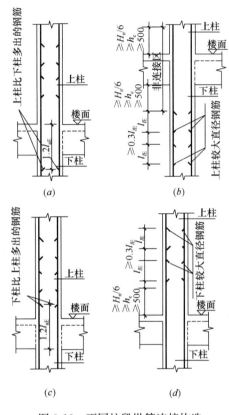

图 3-13　不同柱段纵筋连接构造

（1）当上下柱钢筋数量不同时

1）当上柱段钢筋数量多于下柱段时，上柱段比下柱段多出的钢筋锚入节点，锚固长度为 $1.2l_{aE}$，见图 3-13（a）。

2）当下柱段钢筋数量多于上柱段时，下柱段比上柱段多出的钢筋锚入节点，锚固长度为 $1.2l_{aE}$，见图 3-13（c）。

（2）当上下柱钢筋直径不同时

1）当上柱段纵筋直径比下柱段纵筋直径大时，纵筋连接位置点在下柱的钢筋连接区进行连接，见图 3-13（b）。

2）当下柱段纵筋直径比上柱段纵筋直径大时，纵筋连接位置点在上柱的钢筋连接区连接，见图 3-13（d）。

3. 地下室框架柱 KZ 纵向钢筋连接构造

地下室框架柱 KZ 纵向钢筋的连接构造，如图 3-14 所示。

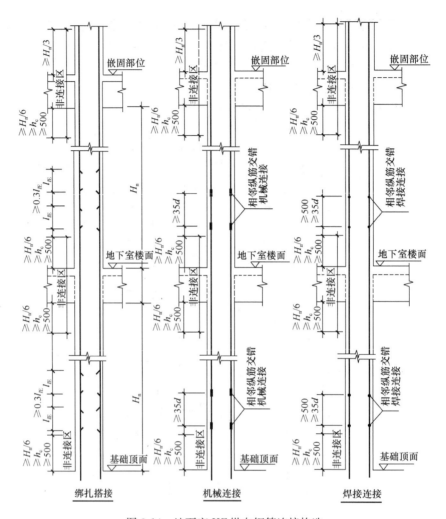

图 3-14　地下室 KZ 纵向钢筋连接构造

注：1. 图中钢筋的连接构造用于嵌固部位不在基础顶面情况下地下室部分（基础顶面距嵌固部位）。

　　2. 连接方法可采用绑扎搭接、焊接连接和机械连接，其绑扎搭接长度及绑扎搭接、机械连接、焊接连接的要求见本教材任务 1。

　　3. 图中 h_c 为柱截面长边尺寸（圆柱为截面直径）；H_n 为所在楼层的柱净高。

3.3.3　框架柱箍筋加密区与非加密区范围

框架柱箍筋加密区范围如图 3-15 所示。

框架柱箍筋加密区位置及范围总结见表 3-2。

柱箍筋加密区位置及加密区范围　　　　表 3-2

加密区位置	加密区范围
嵌固部位	$H_n/3$
柱端	柱长边尺寸（圆柱直径）、$H_n/6$、500 三者取大值

加密区位置	加密区范围
梁柱节点区	梁高
底层刚性地面	地面上下各 500

注：1. H_n 为柱净高：本层柱净高＝上层楼面标高－本层楼面标高－上层梁高。H_n 取所在楼层柱净高。

2. 刚性地面是指无框架梁的建筑地面，其平面内的刚度比较大，在水平荷载作用下，平面内变形很小，通常现浇混凝土地面、石材地面、沥青混凝土地面及有一定基层厚度的地砖地面均属于刚性地面。

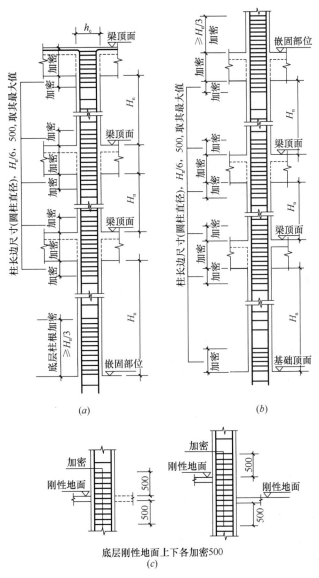

(a) 　　　　　　　　　　(b)

底层刚性地面上下各加密500
(c)

图 3-15　框架柱箍筋加密区范围

(a) 框架柱箍筋加密区范围；(b) 地下室框架柱箍筋加密区范围；

(c) 刚性地面上下箍筋加密范围

3.3.4 框架柱变截面位置纵向钢筋构造

框架柱变截面位置纵向钢筋构造，如图 3-16 所示。

（1）$\Delta/h_b > 1/6$ 时，下柱段柱纵筋弯锚节点内，上柱段柱纵筋进节点直锚，直锚长度为 $1.2l_{aE}$。

（2）$\Delta/h_b \leqslant 1/6$ 时，下柱钢筋不截断弯折进入上柱段纵向钢筋连接区连接。

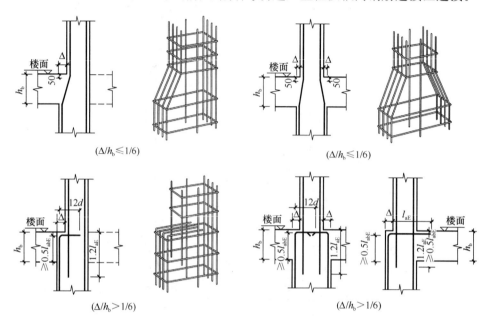

图 3-16　柱变截面位置纵筋构造

注：Δ 为上下柱截面每边大小差值；h_b 为梁高。

3.3.5 框架柱 KZ 柱顶纵向钢筋构造

1. 框架柱 KZ 中柱柱顶纵向钢筋构造（图 3-17）

（1）当柱纵筋伸至柱顶，满足 $\geqslant l_{aE}$ 时，柱纵筋伸至柱顶，采用直锚。

（2）当柱纵筋伸至柱顶，不满足 $\geqslant l_{aE}$ 时，柱纵筋采用弯锚（向内弯折；柱顶现浇板厚度不小于 100 时向外弯折），柱纵筋弯锚的弯折长度取 $12d$；或加锚头（锚板）锚固。

2. 边柱和角柱柱顶纵向钢筋构造

KZ 边柱和角柱柱顶纵向钢筋构造分以下三种情况：柱外侧纵筋作为梁上部钢筋使用、柱锚梁、梁锚柱等。

（1）柱外侧纵筋可以直接弯入梁上部，作梁上部纵筋使用（柱外侧纵筋直径不小于梁上部钢筋直径），如图 3-18 所示。

（2）柱锚梁：柱外侧纵向钢筋进入梁上部，与梁上部纵筋搭接锚固，简称柱锚梁。

1）梁上部纵筋伸至柱外侧纵筋之内向下弯折至梁底，弯折长度 $\geqslant 15d$。

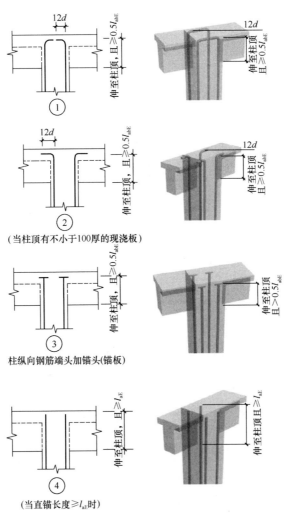

图 3-17 KZ 中柱柱顶纵向钢筋构造

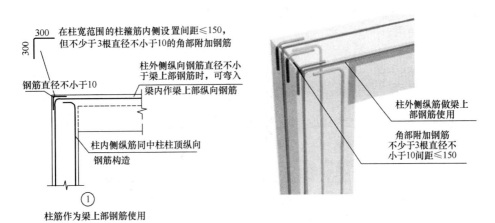

图 3-18 KZ 边柱和角柱柱顶纵向钢筋构造（一）

2）柱外侧纵筋伸入梁上部与梁上部钢筋搭接，搭接长度≥$1.5l_{abE}$，如图 3-19 所示。如满足搭接长度≥$1.5l_{abE}$后截断点在柱内，还需保证柱纵筋的弯折段长度≥$15d$，如图 3-20 所示。

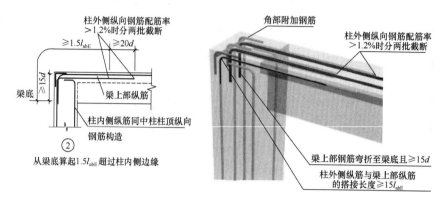

图 3-19　KZ 边柱和角柱柱顶纵向钢筋构造（二）

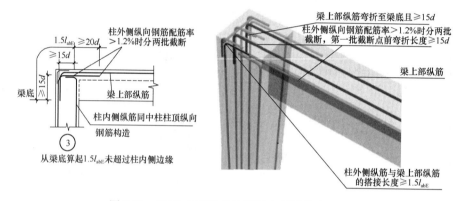

图 3-20　KZ 边柱和角柱柱顶纵向钢筋构造（三）

（3）梁锚柱：梁上部钢筋进入柱外侧，与柱外侧纵筋搭接锚固，简称梁锚柱，如图 3-21 所示。用于梁、柱纵向钢筋接头沿节点柱顶外侧直线布置的情况，可与图 3-18 组合使用。

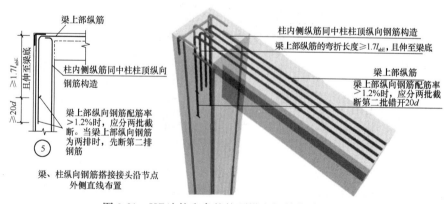

图 3-21　KZ 边柱和角柱柱顶纵向钢筋构造（四）

1）梁上部钢筋伸至柱外侧纵筋之内向下弯折，弯折长度≥1.7l_{abE}。

2）柱外侧纵筋至柱顶截断。

（4）未伸入梁内纵筋在节点区锚固如图3-22所示，应与节点①②③配合使用。柱内侧纵筋与中柱柱顶纵向钢筋构造相同。

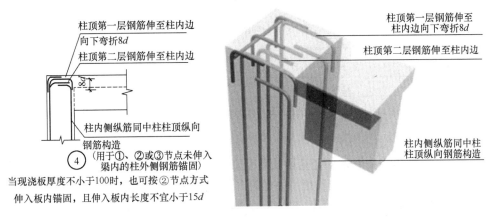

图 3-22　KZ边柱和角柱柱顶纵向钢筋构造（五）

注意：1. 如梁上部钢筋和柱外侧纵筋配筋率＞1.2%时，钢筋应分两批截断。

2. 在柱宽范围的柱箍筋内侧，设置间距≤150但不少于3根直径不小于10的角部附加钢筋。

3.4　知识拓展

3.4.1　绘制柱立剖图

此项拓展有益于学生对KZ注写方式的进一步理解，加强学生对框架柱构造详图的理解和图集的应用能力。

某二层框架结构，抗震等级为三级，KZ2下的基础为DJ1。基础底部混凝土保护层厚度为40mm；梁柱混凝土保护层厚度均为25mm；梁、柱、基础混凝土强度为C30。框架柱截面尺寸为600mm×600mm，轴线居中，纵筋采用机械连接。二层结构标高为3.550m，柱顶结构标高为7.150m。该处二层和屋面的框架梁截面高度均为600mm，柱平法施工图局部、柱表及柱下独立基础详图，如图3-23所示。

1. 计算各层柱净高

一层柱净高：$H_{n1}=3.550-(-1.600)-0.6=4.55m=4550mm$。

二层柱净高：$H_{n2}=7.150-3.550-0.6=3.00m=3000mm$。

2. 计算各柱段非连接区长度（即箍筋加密区范围）

（1）基础顶面柱根部位（嵌固部位）非连接区：$H_{n1}/3=4550/3=1517mm$。

（2）首层柱顶节点下非连接区：$\max(H_{n1}/6, h_c, 500)=760mm$。

（3）二层柱上下端非连接区：$\max(H_{n2}/6, h_c, 500)=600mm$。

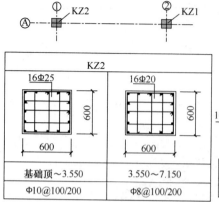

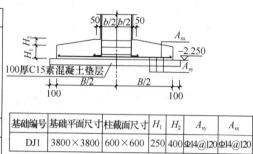

基础编号	基础平面尺寸	柱截面尺寸	H_1	H_2	A_{sy}	A_{sx}
DJ1	3800×3800	600×600	250	400	Φ14@120	Φ14@120

图 3-23　柱平法施工图局部及其柱下独立基础详图

3. 计算柱插筋在基础内竖直段长度及弯折长度

柱插筋在基础内竖直段长度＝基础底板厚度－基础底板保护层厚度－基础底板双向钢筋直径＝650－40－14×2＝582mm＜l_{aE}＝30d＝30×25＝750mm，故基础高度不满足直锚要求。

柱插筋在基础内竖直段长度＝582mm＞0.6l_{abE}＝0.6×31d＝0.6×31×25＝465mm，且＞20d＝20×25＝500mm，符合设计要求。

故弯折长度＝15d＝15×25＝375mm。

4. 绘制柱立剖，如图 3-24 所示。

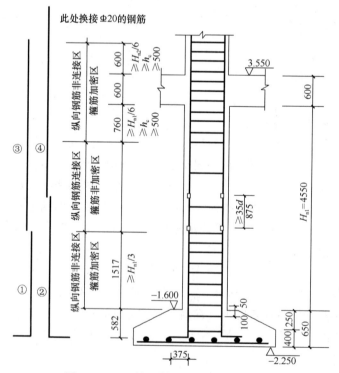

图 3-24　KZ2 柱立剖图及纵向钢筋分离图

3.4.2 纵向受力钢筋长度的计算

此项拓展在柱立剖的基础上，可直观看出纵向钢筋的长度，为建筑工程施工专业的钢筋下料计算和工程造价专业的钢筋算量打下坚实的基础。

弯曲调整值：弯折处钢筋外包尺寸大于钢筋中心线长度，二者之差为弯曲调整值，也称量度差（表3-3）。

弯曲调整近似值　　　　　　　　　　　　表 3-3

弯折度数	30	45	60	90	135
弯曲调整值	$0.35d$	$0.5d$	$0.85d$	$2d$	$2.5d$

柱立剖绘制完毕后，为方便钢筋计算，绘制所有纵筋的钢筋分离图，如图3-24所示。

① 号钢筋下料长度＝基础内弯折长度＋基础内竖直段长度＋柱根部非连接区段长度－弯曲调整值＝$375+582+1517-2\times25=2424$mm。

② 号钢筋下料长度＝①号钢筋下料长度＋连接区段距离＝$2424+35d=2424+35\times25=3299$mm。

③ 号④号钢筋的下料长度＝首层柱层高－柱根非连接区段长度＋二层非连接区段长度＝$3550-(-1600)-1517+600=4233$mm

任务实训 3　柱平法施工图集训

任务实训 3.1　根据图 3-25 所示柱列表注写方式填空。

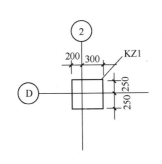

层号	结构标高	层高
屋顶	14.400	
4	11.000	3.400
3	7.400	
2	3.800	
1	−0.100	3.900

柱编号	标高	$b\times h$	角筋	b边一侧中部筋	h边一侧中部筋	箍筋类型号	箍筋
KZ1	−1.200～3.800	500×500	4Φ22	3Φ18	3Φ18	1(4×4)	Φ8@100/200
	3.800～14.400	500×500	4Φ22	3Φ16	3Φ16	1(4×4)	Φ8@100/200

图 3-25　KZ1 柱列表注写方式

1. KZ1 定位尺寸距 2 号轴线左＿＿＿＿、右＿＿＿＿，距①轴上＿＿＿＿、下＿＿＿＿；截面尺寸为＿＿＿＿＿＿＿＿，KZ1 分为＿＿＿＿个柱段，第一个柱段起止标高为＿＿＿＿～＿＿＿＿，箍筋类型号＿＿＿＿、＿＿＿＿肢×＿＿＿＿肢，箍筋规格为_____，箍筋加密区间距_____、非加密区间距_____，该柱段纵筋总根数_____、角筋规格_____、b 边每侧中部筋规格_____、h 边每侧中部筋规格_____。

2. 第二个柱段起止标高为_____～_____，该柱段纵筋总根数_____、b 边每侧中部筋规格_____、h 边每侧中部筋规格_____、上下柱段以_____标高为分界，两个柱段不同点是_____。

3. 二层柱层高_____、三层柱层高_____，箍筋加密区位置有三个位置，分别是_____、_____、_____。

任务 3.2　根据图 3-25 所示柱列表注写方式，完成下列任务：

1. 绘制 KZ1 第一柱段的截面配筋图。

2. 补画图 3-26 中 KZ1 上下柱段纵筋连接图。

1）填写纵筋直径。

2）计算并填写非连接区高度。

3）补画纵筋连接位置及连接要求（以焊接为例）。

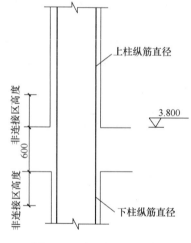

图 3-26　柱立剖图（局部）

任务 3.3　能力拓展

模拟施工，答辩考核

1. 成立施工队：同前项目。

2. 任务布置，各施工队在 1 号商业楼柱平法施工图中任选一根框架柱进行微模制作。

3. 知识准备：

（1）熟读所选框架柱的平面注写内容、熟读柱下基础平面注写内容。

（2）选择一个柱，绘制柱立剖图（每人一份，计入答辩成绩）。

（3）计算各层柱纵筋的下料长度（每组一份，计入本组所有成员成绩）。

4. 材料准备：同前任务。

5. 微模施工：采用翻转课堂的形式，各队成员利用业余时间组织微模施工，纵筋的下料长度按 1∶5 的比例缩小进行制作。

6. 自查互查：微模成型后各队工长和技术负责组织自查互查，发现问题进行整改。

7. 辩前准备：各施工队在工长的组织下，由技术负责进行微模和图纸对照，对本组成员进行辩前辅导，答辩问题包括框架柱、柱下基础识图内容和相关钢筋构造。要求所有同学必须完成基本识图知识的学习。

8. 现场答辩：分施工队进行，采用每人必答的方式，可以现场查阅图集构造，分数由微模分数（工长和技术负责给出）＋图纸分数＋个人答辩分数组成，给出阶段性成绩。

任务 4

剪力墙平法施工图识读

【目标描述】

通过本任务的学习，学生能够：

（1）熟练地识读剪力墙平法施工图。

（2）熟练应用《混凝土结构施工图平面整体表示方法制图规则和构造详图（现浇混凝土框架、剪力墙、梁、板）》16G101-1 平法图集解决实际工程问题。

任务实训：采用实际的施工图纸，学生通过完成集训任务，加强和检验学生们的识图能力和图集的应用能力。

4.1 知识准备

4.1.1 剪力墙结构的基本概念

1. 剪力墙

剪力墙（Shear Wall）又称抗风墙、抗震墙或结构墙。房屋或构筑物中主要承受风荷载或地震作用引起的水平荷载和竖向荷载的墙体，需防止结构剪切破坏，一般用钢筋混凝土做成。

2. 剪力墙在结构中的作用

（1）框架—剪力墙结构中，剪力墙主要承受风荷载或地震传来的水平地震作用。

（2）剪力墙结构中，既承担上部结构传来的竖向荷载，同时承担风荷载或地震传来的水平地震作用。

3. 剪力墙的分类

按照剪力墙上洞口的大小、多少及排列方式，剪力墙可分为：整体墙、整体小开口墙、联肢墙和壁式框架四类，如图 4-1 所示。

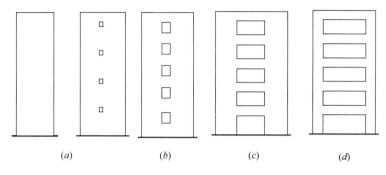

图 4-1　剪力墙分类
（*a*）整体墙；（*b*）整体小开口墙；（*c*）联肢墙；（*d*）壁式框架

4.1.2　剪力墙的组成

剪力墙由墙身（一种）、墙柱（两种）和墙梁（三种）三种构件组成。

1. 剪力墙墙身

剪力墙墙身即钢筋混凝土墙体。

（1）剪力墙截面厚度（墙厚）

依据《建筑抗震设计规范》GB 50011—2010，应符合以下规定：一、二级抗震时，底部加强部位不小于 200mm，且不宜小于层高的 1/16，其他部位 160mm 且不宜小于层高的 1/20；三、四级抗震时，底部加强部位不小于 160mm，且不宜小于层高的 1/20，其他部位 140mm 且不宜小于层高的 1/25。

（2）墙身钢筋

墙身钢筋由水平分布钢筋、竖向分布钢筋和拉筋组成。

钢筋排数：墙厚≤400mm 时，可采用双排配筋；

400mm＜墙厚≤700mm 时，宜采用三排配筋；

墙厚大于＞700mm 时，宜采用四排配筋。

当剪力墙配置的分布钢筋多于两排时，剪力墙拉筋两端应同时勾住外排水平纵筋和竖向纵筋，还应与剪力墙内排水平纵筋和竖向纵筋绑扎在一起，如图 4-2 所示。

2. 剪力墙墙柱

边缘构件也叫墙柱。在剪力墙结构中设置在剪力墙竖向边缘及洞口边缘，加强剪力墙边缘的抗拉、抗弯和抗剪性能。

（1）墙柱的分类

1）按其所在位置及其所起作用，边缘构件主要分为以下两种类型：约束边缘构件（YBZ）和构造边缘构件（GBZ）。（16G101 系列图集中还包含非边缘暗柱和

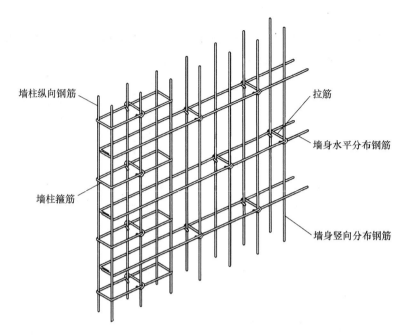

图 4-2　剪力墙墙身钢筋和墙柱钢筋示意图

扶壁柱，在此不作赘述）。

2）按截面形态，墙柱（边缘构件）分为以下四种类型：暗柱、端柱、翼墙和转角墙。两种分类组合在一起，形成以下两大类共八小类墙柱，如图 4-3、图 4-4 所示。

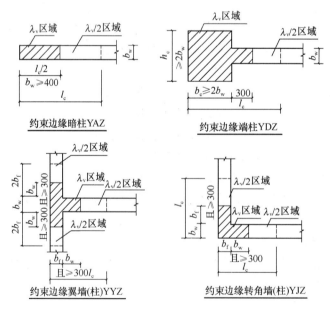

图 4-3　约束边缘构件

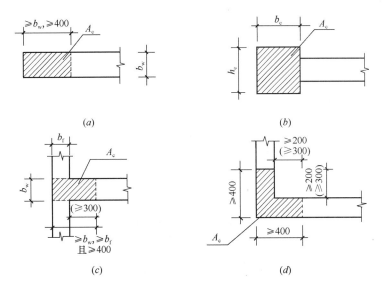

图 4-4 构造边缘构件

（*a*）构造边缘暗柱；（*b*）构造边缘端柱；（*c*）构造边缘翼墙（括号中数值用于高层建筑）；（*d*）构造边缘转角墙（括号中数值用于高层建筑）

（2）墙柱的钢筋

墙柱钢筋由纵向受力钢筋和箍筋组成，如图 4-2 所示。

3. 剪力墙梁

（1）墙梁分类：剪力墙墙梁主要有连梁、暗梁和边框梁三种类型。

连梁：连梁是两个墙肢中间有洞口或断开，但受力要求又要连在一起而增加的受力构件。在连梁下面一般是有洞口的，如图 4-5 所示。

暗梁：暗梁位于楼层的位置，完全隐藏在板类构件或者混凝土墙类构件中，其不属于简单的受弯构件，它一方面强化墙体与顶板的节点构造，另一方面为横

任务 4 ——— 剪力墙平法施工图识读

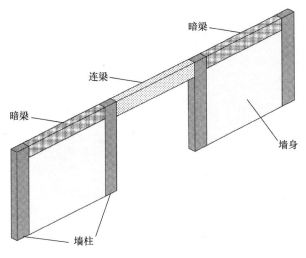

图 4-5 剪力墙梁和墙柱示意图

向受力的墙体提供边缘约束。实质上是剪力墙在楼层位置的水平加强带，如图 4-5 所示。

边框梁：是指在剪力墙中部或顶部布置的、比剪力墙的厚度还加宽的"连梁"或"暗梁"，此时不叫连梁、暗梁而改称为边框梁。

（2）墙梁的钢筋：由纵向钢筋和箍筋组成。

4.1.3　剪力墙平法施工图的表示方法

剪力墙平法施工图系在剪力墙平面布置图上采用列表注写方式或截面注写方式表达。

剪力墙的平面布置图，可采用适当比例单独绘制，也可与柱或梁平面布置图合并绘制，当剪力墙较复杂或采用截面注写方式时，应按标准层分别绘制剪力墙平面布置图。轴线未居中尚需绘制其偏心尺寸。

剪力墙平法施工图读图时，一定要注意图纸的适用范围（见图名和结构层楼面标高和结构层高表）。

4.2　列表注写方式

列表注写方式，系分别在剪力墙柱表、剪力墙身表和剪力墙梁表中，对应于剪力墙平面布置图上的编号，用绘制截面配筋图并注写几何尺寸与配筋具体数值的方式，来表达剪力墙平法施工图。

列表注写方式平法施工图包括：剪力墙平面布置图、剪力墙柱表、剪力墙身表和剪力墙梁表及有关说明。

4.2.1　剪力墙平面布置图

在剪力墙平面布置图中，应注明以下内容：

1. 图纸的适用范围

见图名和结构层楼面标高、结构层层高表。

【例 4-1】如图 4-6 所示，该图的适用范围是标高 -0.030～12.270m，1、2、3 层的剪力墙。

2. 标注剪力墙墙柱、剪力墙墙身、剪力墙梁与轴线的位置关系，并同时给予编号，如图 4-6 所示。

3. 剪力墙平面布置图中应注明约束边缘构件沿墙肢的长度 l_c（约束边缘翼墙中沿墙肢长度尺寸为 $2b_f$ 时可不注）。

4. 在剪力墙平面布置图中需注约束边缘构件非阴影区内布置的拉筋或箍筋直径，与阴影区箍筋直径相同时，可不注。

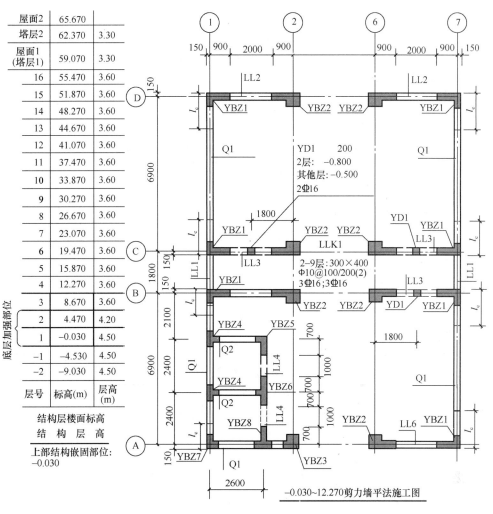

图 4-6　剪力墙平面布置图

4.2.2　剪力墙柱表

在剪力墙柱表中表达的内容，主要有以下三个部分：

1. 注写墙柱编号

绘制该墙柱配筋图、标注墙柱几何尺寸。

墙柱编号：由墙柱代号和序号组成，见表 4-1。

墙柱编号		表 4-1
墙柱类型	代号	序号
约束边缘构件	YBZ	××
构造边缘构件	GBZ	××
非边缘暗柱	AZ	××
扶壁柱	FBZ	××

注：约束边缘构件包括约束边缘暗柱、约束边缘端柱、约束边缘翼墙、约束边缘转角墙四种（图 4-3）。

构造边缘构件包括构造边缘暗柱、构造边缘端柱、构造边缘翼墙、构造边缘转角墙四种（图 4-4）。

2. 注写各段墙柱的起止标高

自墙柱根部往上以变截面位置或截面未变但配筋改变处为界分段注写。墙柱根部的标高一般指基础顶面标高（部分框支剪力墙结构则为框支梁顶面标高）。

3、注写各段墙柱的钢筋

墙柱钢筋包括纵向钢筋和箍筋，注写值应与在表中绘制的截面配筋图对应一致。纵向钢筋注总配筋值；墙柱箍筋的注写方式与柱箍筋相同。

－0.030～12.270 剪力墙平法施工图（部分剪力墙柱表） 表 4-2

截面			
编号	YBZ1	YBZ2	YBZ3
标高	－0.030～12.270	－0.030～12.270	－0.030～12.270
纵筋	24 Φ 20	22 Φ 20	18 Φ 22
箍筋	Φ 10@100	Φ 10@100	Φ 10@100

【例 4-2】表 4-2 中的 YBZ1，由剪力墙柱表可见，该墙柱段的起止标高为－0.030～12.270，该墙柱段的纵筋总数为 24 Φ 20 的钢筋，箍筋为 Φ 10@100 的钢筋，截面尺寸、纵向钢筋的位置及箍筋的形式见表中的截面配筋图。

4.2.3 剪力墙身表

在剪力墙身表中表达的内容，规定如下：

1. 注写墙身编号

墙身编号，由墙身代号、序号以及墙身所配置的水平与竖向分布钢筋的排数组成，其中排数注写在括号内。表达形式为：Q××（××排）。

（1）在编号中：如若墙身的厚度尺寸和配筋均相同，仅墙厚与轴线的关系不同或墙身长度不同时，也可将其编为同一墙身号，但应在图中注明与轴线的几何关系。

（2）当墙身所设置的水平与竖向分布钢筋的排数为 2 时可不注。

2. 注写各段墙身起止标高

自墙身根部往上以变截面位置或截面未变但配筋改变处为界分段注写。墙身根部的标高一般指基础顶面标高（部分框支剪力墙结构则为框支梁顶面标高）。

3. 注写各段墙厚

4. 注写各段墙身钢筋

墙身钢筋包括水平分布钢筋、竖向分布钢筋和拉结筋。注写数值为一排水平分布钢筋和竖向分布钢筋的规格与间距，具体设置几排已经在墙身编号后面表达。

拉结筋用于剪力墙分布钢筋的拉结，布置方式有"矩形"或"梅花"两种，如图 4-7 所示。

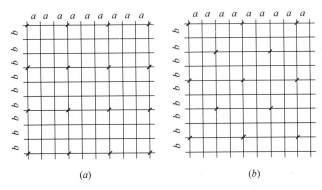

图 4-7　拉结筋设置示意

（*a*）拉结筋@3*a*3*b* 矩形（*a*≤200、*b*≤200）；（*b*）拉结筋@4*a*4*b* 梅花（*a*≤150、*b*≤150）

【例 4-3】表 4-3 中的 Q1，由剪力墙身表可见，编号 Q1，钢筋排数为 2 排，Q1 分两个墙段，第一个墙段的起止标高为−0.030～30.270，墙厚为 300mm，水平分布钢筋和竖向分布钢筋均为Φ12@200，拉筋采用Φ6@600@600，矩形设置。第 2 个墙段的起止标高为 30.270～59.070，墙厚为 250mm，水平分布钢筋和竖向分布钢筋均为Φ10@200，拉筋采用Φ6@600@600，矩形设置。

剪力墙身表　　　　　　　　　　　　　　　　　表 4-3

编号	标高	墙厚	水平分布筋	垂直分布筋	拉筋（矩形）
Q1	−0.030～30.270	300	Φ12@200	Φ12@200	Φ6@600@600
	30.270～59.070	250	Φ10@200	Φ10@200	Φ6@600@600
Q2	−0.030～30.270	250	Φ10@200	Φ10@200	Φ6@600@600
	30.270～59.070	200	Φ10@200	Φ10@200	Φ6@600@600

4.2.4　剪力墙梁表

1. 注写墙梁编号

墙梁编号由墙梁类型代号和序号组成，表达形式见表 4-4。

墙梁编号　　　　　　　　　　　　　　　　　表 4-4

墙梁类型	代号	序号
连梁	LL	××
连梁（对角暗撑配筋）	LL（JC）	××
连梁（交叉斜筋配筋）	LL（JX）	××
连梁（集中对角斜筋配筋）	LL（DX）	××
连梁（跨高比不小于 5）	LLk	××
暗梁	AL	××
边框梁	BKL	××

注：1. 在具体工程中，当某些墙身需设置暗梁或边框梁时，宜在剪力墙平法施工图中绘制暗梁或边框梁的平面布置图并编号，以明确其具体位置。

2. 跨高比不小于 5 的连梁按框架梁设计时，代号 LLk。

2. 注写墙梁所在楼层号

3. 注写墙梁顶面标高高差

系指相对于墙梁所在结构层楼面标高的高差值。高于者为正值，低于者为负值，当无高差时不注。

剪力墙梁表（部分）   表 4-5

编号	所在楼层号	梁顶相对标高高差	梁截面 $b \times h$	上部纵筋	下部纵筋	箍筋
LL1	2～9	0.800	300×2000	4Φ25	4Φ25	Φ10@100 (2)
	10～16	0.800	250×2000	4Φ22	4Φ22	Φ10@100 (2)
	屋面 1		250×1200	4Φ20	4Φ20	Φ10@100 (2)

【例 4-4】 表 4-5 中，3 层 LL1 的梁顶标高高于该结构层楼面标高 0.800m，屋面 1 处 LL1 的梁顶标高与该结构层楼面标高一致。

4. 注写墙梁截面尺寸 $b \times h$，上部纵筋、下部纵筋和箍筋的具体数值

【例 4-5】 表 4-5 中，3 层 LL1 的截面尺寸为 300×2000，上部纵筋为 4Φ25 的钢筋，下部纵筋为 4Φ25 的钢筋，箍筋为 Φ10@100 (2) 的钢筋。

5. 当连梁设有对角暗撑时〔代号为 LL (JC) ××〕

注写暗撑的截面尺寸（箍筋外皮尺寸）；注写一根暗撑的全部纵筋，并标注"×2"表明有两根暗撑相互交叉；注写暗撑箍筋的具体数值。

有对角暗撑的剪力墙梁表示例   表 4-6

编号	所在楼层号	梁顶相对标高高差	梁截面 $b \times h$	上部纵筋	下部纵筋	箍筋	备注
LL(JC)120	8	0.000	400×2250	8Φ20 4/4	8Φ20 4/4	Φ10@150(4)	300×300；8Φ22×2；Φ8@100

【例 4-6】 表 4-6 中，8 层 LL (JC) 120 梁顶标高与该层结构层楼面标高一致，梁截面尺寸：梁宽 400mm，梁高 2250mm，上部纵筋和下部纵筋均为 8Φ20 的钢筋，分两排布置，上排 4Φ20，下排 4Φ20，箍筋为 Φ10@150 (4) 的钢筋。暗撑的截面尺寸 300mm×300mm（箍筋外皮尺寸），一根暗撑的全部纵筋为 8Φ22 的钢筋，箍筋为 Φ8@100 的钢筋，有两根暗撑交叉放置，如图 4-8 所示。

6. 当连梁设有交叉斜筋时〔代号为 LL (JX) ××〕

注写连梁一侧对角斜筋的配筋值，并标注"×2"表明对称设置；注写对角斜筋在连梁端部设置的拉筋根数、强度级别及直径，并标注"×4"表示四个角都设置；注写连梁一侧折线筋配筋值，并标注"×2"表明对称设置。

有交叉斜筋的剪力墙梁表示例   表 4-7

编号	所在楼层号	梁顶相对标高高差	梁截面 $b \times h$	上部纵筋	下部纵筋	箍筋	备注
LL(JX)07	−2	0.000	300×1900	6Φ18 4/2	6Φ18 2/4	Φ10@100(4)	对角斜筋 2Φ16×2；拉筋 3Φ8×4；折线筋 4Φ14×2

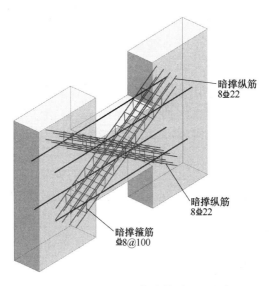

图 4-8　LL 设有对角暗撑时注写示意

【例 4-7】 表 4-7 中，－2 层 LL（JX）07 梁顶标高与该层结构层楼面标高一致，梁截面尺寸：梁宽 300mm，梁高 1900mm；上部纵筋为 6 Φ 18 的钢筋，分两排布置，上排 4 Φ 18，下排 2 Φ 18；下部纵筋为 6 Φ 18 的钢筋，分两排布置，上排 2 Φ 18，下排 4 Φ 18；箍筋为 Φ 10@100（4）的钢筋。连梁一侧设置 2 Φ 16 的对角斜筋，两侧对称设置；对角斜筋在连梁端部设置 3 Φ 8 的拉筋，4 个角都要设置，连梁一侧的折线筋为 4 Φ 14 的钢筋，两侧对称设置，如图 4-9 所示。

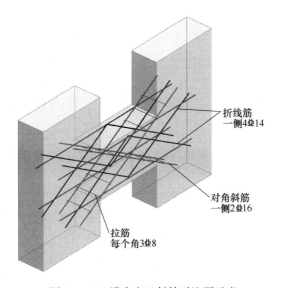

图 4-9　LL 设有交叉斜筋时注写示意

7. 当连梁设有集中对角斜筋时［代号为 LL（DX）××］

注写一条对角线上的对角斜筋，并标注×2表明对称设置。

【例 4-8】 表 4-8 中，6 层 LL（DX）10 梁顶标高比该层结构层楼面标高低
0.900m，梁截面尺寸：梁宽 300mm，梁高 2070mm；上部纵筋和下部纵筋均为 4
Φ 22 的钢筋，箍筋为Φ 8@150（2）的钢筋。连梁一条对角线上设置 4 Φ 16 的对
角斜筋，两侧对称设置，如图 4-10 所示。

有对角斜筋的剪力墙梁表示例　　　　　　　　　　　表 4-8

编号	所在楼层号	梁顶相对标高高差	梁截面 $b \times h$	上部纵筋	下部纵筋	箍筋	备注
LL(DX)10	6	−0.900	300×2070	4 Φ 22	4 Φ 22	Φ 8@150(2)	4 Φ 16×2

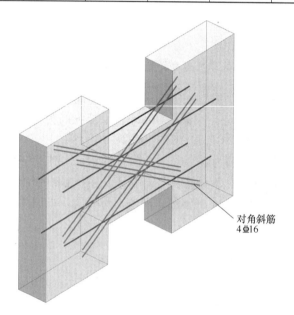

图 4-10　LL 设有集中对角斜筋时注写示意

8. 跨高比不小于 5 的连梁，按框架梁设计时（代号为 LLk××）

采用平面注写方式，注写规则同框架梁，可采用适当比例单独绘制，也可与
剪力墙平法施工图合并绘制。

墙梁侧面纵筋的配置：①当墙身水平分布钢筋满足连梁、暗梁及边框梁的梁
侧面纵向构造钢筋的要求时，该筋配置同墙身水平分布钢筋，表中不注，施工按
标准构造详图的要求即可。②当墙身水平分布钢筋不满足连梁、暗梁及边框梁的
梁侧面纵向构造钢筋的要求时，应在表中补充注明梁侧面纵筋的具体数值；③当
为 LLk 时，平面注写方式以大写字母"N"打头。梁侧面纵向钢筋在支座内锚固
要求同连梁中受力钢筋。

4.2.5 剪力墙洞口的表示方法

无论采用列表注写方式还是截面注写方式,剪力墙上的洞口均可在剪力墙平面布置图上原位表达。

1. 洞口中心定位

在剪力墙平面布置图上绘制洞口示意,并标注洞口中心的平面定位尺寸。

2. 在洞口中心引注内容

(1)洞口编号:矩形洞口为JD××(××为序号),圆形洞为YD××(××为序号)。

(2)洞口几何尺寸:矩形洞口为洞宽×洞高$(b×h)$,圆形洞口为洞直径D。

(3)洞口中心相对标高,系相对于结构层楼(地)面标高的洞口中心高度。当其高于结构层楼面时为正值,低于结构层楼面时为负值,如图4-11所示。

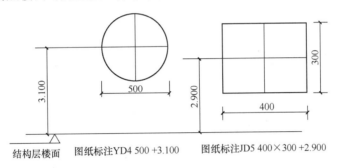

图4-11 洞口中心相对标高注写示意

(4)洞口每边补强钢筋,分以下三种不同情况:

1)剪力墙矩形洞口补强钢筋构造

① 当矩形洞口的洞宽、洞高均不大于800时,此项注写为洞口每边补强钢筋的具体数值,如图4-12所示。当洞宽、洞高方向补强钢筋不一致时,分别注写洞宽方向、洞高方向补强钢筋,以"/"分隔。当洞口每边补强钢筋按构造要求设置时,补强钢筋可不注。

【例4-9】JD2 $400×300$,$+3.100$ $2\Phi14$,表示2号矩形洞口,洞宽400mm、洞高300mm,洞口中心高于本结构层楼面3.100m,洞口每边补强钢筋为$2\Phi14$,如图4-13(a)所示。

【例4-10】JD3 $400×300$,$+3.100$,表示3号矩形洞口,洞宽400mm、洞高300mm,洞口中心高于本结构层楼面3.100m,洞口每边补强钢筋按构造配置。

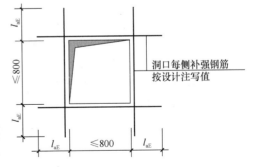

图4-12 矩形洞宽和洞高均不大于800时
洞口补强钢筋构造

【例 4-11】 JD4 800×300，+3.100，3 Φ 18/3 Φ 14，表示 4 号矩形洞口，洞宽 800mm、洞高 300mm，洞口中心高于本结构层楼面 3.100m，洞宽方向补强钢筋为 3 Φ 18，洞高方向补强钢筋为 3 Φ 14，如图 4-13（b）所示。

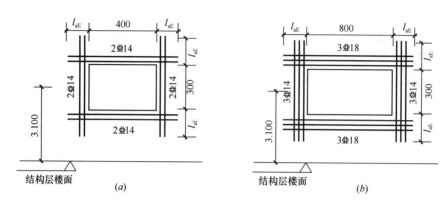

图 4-13 当矩形洞口的洞宽、洞高均不大于 800 时补强钢筋示意

②当矩形的洞宽或洞高大于 800 时，在洞口的上、下需设置补强暗梁，如图 4-14 所示。

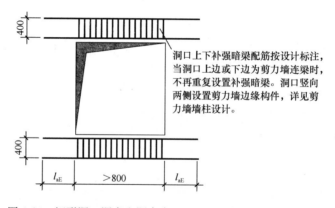

图 4-14 矩形洞口洞宽和洞高大于 800mm 时洞口补强暗梁构造

【例 4-12】 JD5，1000×900，+1.400，6 Φ 20 Φ 8@150，表示 5 号矩形洞口，洞宽 1000mm，洞高 900mm，洞口中心距本结构层楼面 1400mm，洞口上下设置补强暗梁，每边暗梁纵筋为 6 Φ 20，箍筋为 Φ 8@150。

2）剪力墙圆形洞口补强钢筋构造

①当剪力墙圆洞洞口直径不大于 300mm。

此项应注写洞口上下左右每边布置的补强纵筋的具体数值，如图 4-15 所示。

②当剪力墙圆形洞口直径大于 300，但不大于 800 时，此项注写为洞口上下左右每边布置的补强纵筋的具体数值，以及环向加强钢筋的具体数值，如图 4-16 所示。

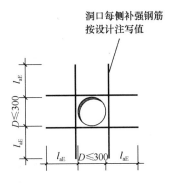

图 4-15　剪力墙圆形洞口直径不大于 300 时补强钢筋构造

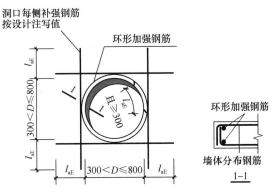

图 4-16　剪力墙圆形洞口直径大于 300 但不大于 800 时补强钢筋构造

【例 4-13】 YD5，600，+1.800　2 ϕ 20　2 ϕ 16，表示 5 号圆洞，直径 600mm，洞口中心高于本结构层楼面 1800mm，洞口每边补强钢筋为 2 ϕ 20，环向加强钢筋为 2 ϕ 16。

③当剪力墙圆形洞口直径大于 800 时，在洞口的上、下需设置补强暗梁，如图 4-17 所示。

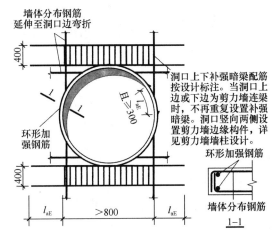

图 4-17　剪力墙圆形洞口直径大于 800 时补强钢筋构造（圆形洞口预埋钢套管）

3）连梁中部设置洞口

当圆形洞口设置在连梁中部 1/3 范围（且圆洞直径不应大于梁高的 1/3）时，需注写在圆洞上下水平设置的每边补强纵筋与箍筋，如图 4-18 所示。

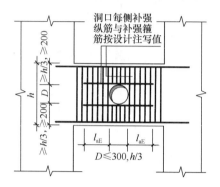

图 4-18　连梁中部圆形洞口补强钢筋构造

4.2.6　地下室外墙

本节地下室外墙仅适用于起挡土作用的地下室外围护墙。地下室外墙中墙柱、连梁及洞口等的表示方法同地上剪力墙。

地下室外墙的平面注写方式，包括集中标注和原位标注两部分内容。

1. 地下室外墙的集中标注

（1）注写地下室外墙的编号，包括代号、序号、墙身长度（注为××～××轴）。

（2）注写地下室外墙厚度 b_w。

（3）注写地下室外墙的外侧、内侧贯通筋和拉筋。

1）以 OS 代表外墙外侧贯通筋。

2）以 IS 代表外墙内侧贯通筋。

3）以 H 打头注写水平贯通筋。

4）以 V 打头注写竖向贯通筋。

5）以 tb 打头注写拉结筋直径、强度等级及间距，并注明"矩形"或"梅花"布置。

【例 4-14】 图 4-19 中的地下室外墙的注写

DWQ1（①～⑥）b_w＝250

OS：H Φ 18@200 V Φ 20@200

IS：H Φ 16@200 V Φ 18@200

tb：Φ 6@400@400 矩形

表示 1 号地下室外墙，长度范围为①～⑥轴之间，墙厚 250mm，外侧水平贯通筋为 Φ 18@200，竖向贯通筋为 Φ 20@200；内侧水平贯通筋为 Φ 16@200，竖向贯通筋为 Φ 18@200，拉结筋为 Φ 6，矩形布置，水平间距为 400mm，竖向间距为 400mm。

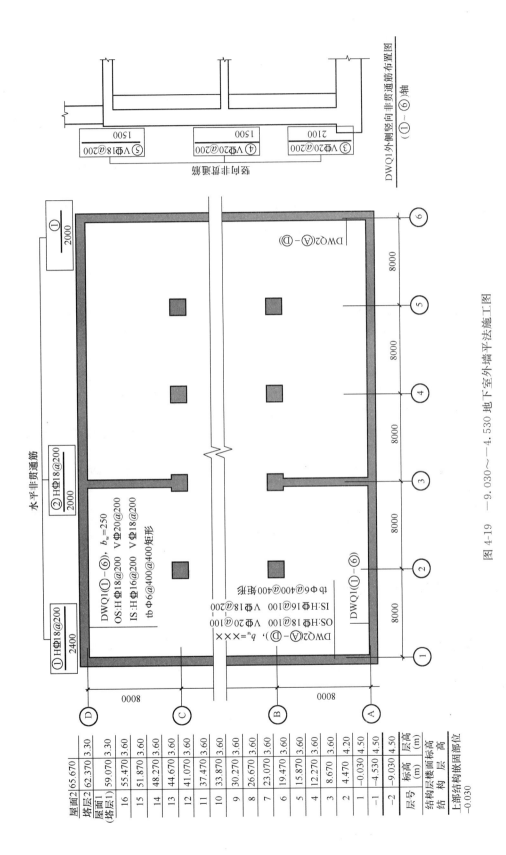

图 4-19　-9.030～-4.530 地下室外墙平法施工图

2. 地下室外墙的原位标注

主要表示在外墙外侧配置的水平非贯通筋和竖向非贯通筋。

（1）水平非贯通筋

当配置水平非贯通筋时，在地下室外墙外侧绘制粗实线段代表水平非贯通筋，在其上注写钢筋编号并以 H 打头注写钢筋强度等级、直径、分布间距，以及自支座中线向两边跨内伸出长度值。当自支座中线向两侧对称伸出时，可仅在单侧标注跨内伸出长度，另一侧可不注。边支座处非贯通筋的伸出长度值从支座外缘起算。

【例 4-15】 图 4-19 中②号水平非贯通筋为 ⚡18@200 的钢筋，自支座中线向两边跨内的伸出长度为 2000mm，该非贯通筋总长度为 2000×2＝4000mm。

（2）竖向非贯通筋

当地下室外墙外侧配置竖向非贯通筋时，应补充绘制地下室外墙竖向剖面图并在其上原位标注。表示方法为在地下室外墙竖向剖面图外侧绘制粗实线段代表竖向非贯通筋，在其上注写钢筋编号并以 V 打头注写钢筋强度等级、直径、分布间距，以及向上（下）层的伸出长度值，并在外墙竖向剖面图名下注明分布范围（××～××轴）。

注：竖向非贯通筋向层内的伸出长度值注写方式：

1. 地下室外墙底部非贯通钢筋向层内的伸出长度值从基础底板顶面算起。

2. 地下室外墙顶部非贯通钢筋向层内的伸出长度值从顶板底面算起。

3. 中层楼板处非贯通钢筋向层内的伸出长度值从板中间算起，当上下两侧伸出长度值相同时可仅注写一侧。

地下室外墙外侧水平、竖向非贯通筋配置相同者，可仅选择一处注写，其他可仅注写编号。

【例 4-16】 图 4-19 中④号竖向非贯通筋为 ⚡20@200 的钢筋，自板中间起算向上下层的伸出长度为 1500mm，该非贯通筋总长度为 1500×2＝3000mm。

4.3 截面注写方式

截面注写方式，系在分标准层绘制的剪力墙平面布置图上，以直接在墙柱、墙身、墙梁上注写截面尺寸和配筋具体数值的方式来表达剪力墙平法施工图，如图 4-20 所示。

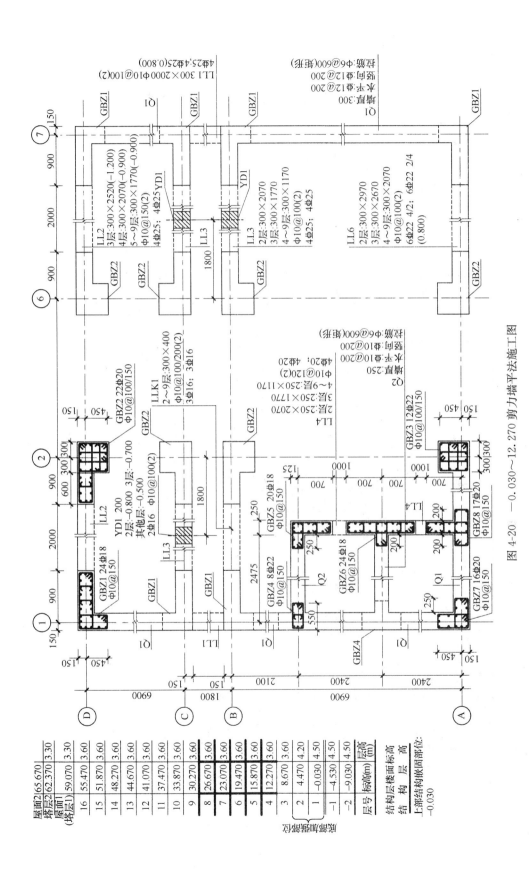

图 4-20 -0.030～12.270 剪力墙平法施工图

任务 4 剪力墙平法施工图识读

4.4 剪力墙平法施工图构造详图解读

4.4.1 剪力墙墙身钢筋构造

1. 剪力墙水平分布钢筋构造

（1）剪力墙水平分布钢筋端部做法（水平分布钢筋端部锚固）

1）剪力墙端部无暗柱时水平分布钢筋的做法，如图4-21所示。

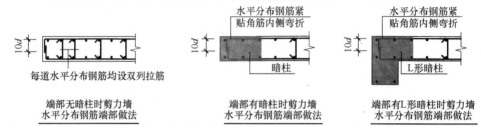

图4-21 剪力墙端部无暗柱、有暗柱时水平分布钢筋的做法

2）剪力墙端部有暗柱时水平分布钢筋的做法，如图4-21所示。

3）剪力墙端部为转角墙时水平分布钢筋的做法，如图4-22所示。

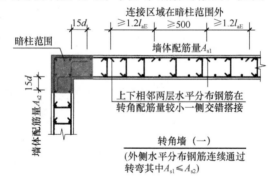

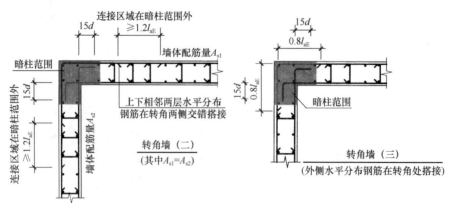

图4-22 剪力墙端部为转角墙时水平分布钢筋的做法

4）剪力墙端部为翼墙时水平分布钢筋的做法，如图 4-23 所示。

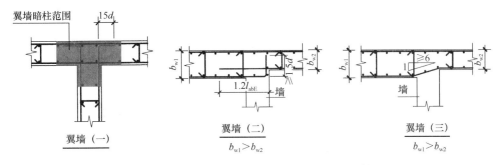

图 4-23　剪力墙端部为翼墙时水平分布钢筋的做法

5）剪力墙端部为端柱时水平分布钢筋的做法（部分），如图 4-24 所示。

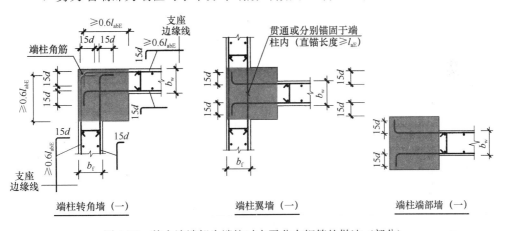

图 4-24　剪力墙端部为端柱时水平分布钢筋的做法（部分）

（2）剪力墙水平分布钢筋的连接构造

1）剪力墙水平分布钢筋交错连接时，上下相邻的水平分布钢筋交错搭接，同一水平面的两排水平分布钢筋交错搭接，搭接长度≥$1.2l_{aE}$，搭接范围错开≥500mm，如图 4-25 所示。

2）剪力墙水平分布钢筋配置若多于两排，中间排水平分布钢筋端部构造同内侧钢筋，水平分布钢筋宜均匀放置。

3）墙体水平分布钢筋宜在约束边缘构件沿墙肢长度 l_c 范围外错开搭接。

2. 剪力墙竖向分布钢筋构造

（1）墙身竖向分布钢筋在基础中构造

墙身竖向分布钢筋在基础中的构造如图 4-26 所示。

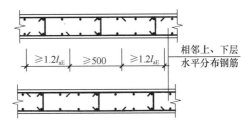

图 4-25　剪力墙水平分布钢筋交错搭接

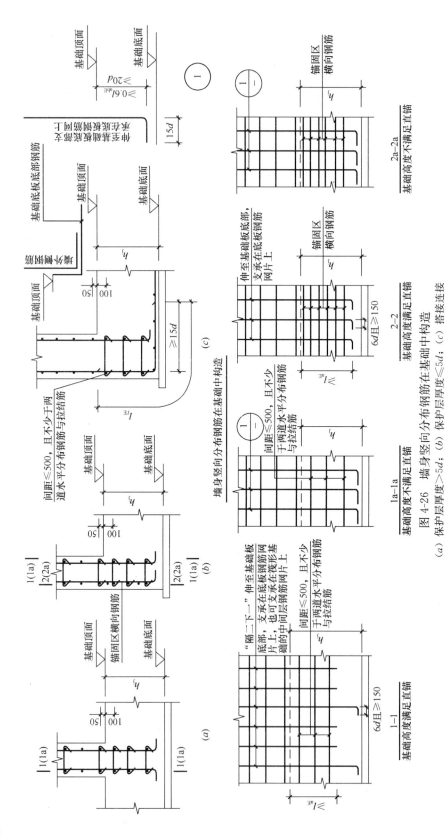

墙身竖向分布钢筋在基础中构造

图 4-26 墙身竖向分布钢筋在基础中构造

(a) 保护层厚度>5d; (b) 保护层厚度≤5d; (c) 搭接连接

注：1. 图中 h_j 为基础底面至基础顶面的高度，墙下有基础梁时，h_j 为梁底面至顶面的高度。

2. 锚固区横向钢筋应满足直径≥d/4（d 为纵筋最大直径），间距≤10d（d 为纵筋最小直径）且≤100 的要求。

3. 当墙身竖向分布钢筋在基础中保护层厚度不一致（如分布筋保护层厚度大于 5d 的部分位于梁中，部分位于板内），保护层厚度不大于 5d 的部分应设置锚固区横向钢筋。

4. 图中 d 为墙身竖向分布钢筋直径。

1）墙身竖向分布钢筋伸至基础底板底部，支承在底部钢筋网片上的弯折长度（也可支撑在筏形基础的中间层钢筋网片上）：①基础高度满足直锚时，取 max（$6d$，150）；②基础高度不满足直锚时（竖向分布钢筋在基础内的长度需≥$0.6l_{abE}$且≥$20d$），弯折长度取 $15d$。

2）基础内的水平分布筋和拉筋间距：①当保护层厚度>$5d$ 时，其间距≤500且不少于两道；②当保护层厚度≤$5d$ 时，需设置锚固区横向钢筋。基础顶面下第一道水平分布筋和拉筋距基础顶面 100mm。

3）当保护层厚度>$5d$，且基础高度满足直锚时，墙身竖向分布钢筋在基础内可"隔二下一"，如图 4-27 所示。

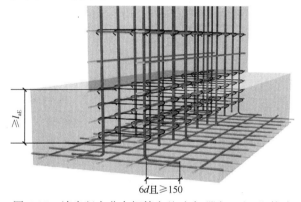

图 4-27 墙身竖向分布钢筋在基础内"隔二下一"构造

4）当选用"墙身竖向分布钢筋在基础中构造"中图 4-26（c）搭接连接时，设计人员应在图纸中注明。

（2）墙身竖向分布钢筋的连接构造，如图 4-28 所示。

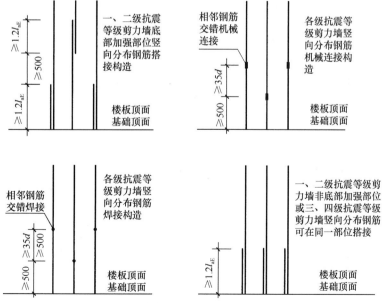

图 4-28 墙身竖向分布钢筋的连接构造

（3）剪力墙墙身变截面处竖向钢筋构造，如图 4-29 所示。

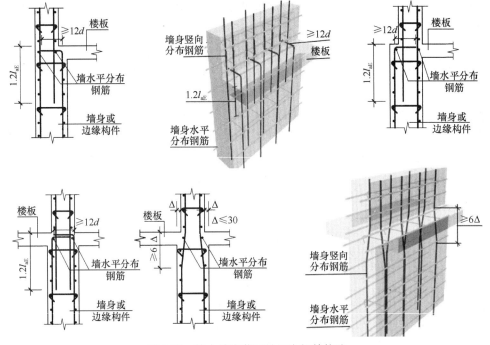

图 4-29　剪力墙变截面处竖向钢筋构造

（4）剪力墙墙身竖向钢筋顶部构造，如图 4-30 所示。

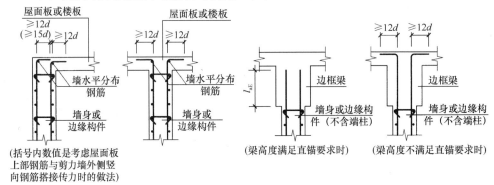

图 4-30　剪力墙竖向钢筋顶部构造

4.4.2　剪力墙墙柱（边缘构件）钢筋构造

1. 墙柱（边缘构件）纵向钢筋在基础中的构造

墙柱（边缘构件）纵向钢筋在基础中的构造如图 4-31 所示。

（1）墙柱（边缘构件）纵向钢筋伸至基础底板底部，支承在底部钢筋网片上的弯折长度（也可支承在筏形基础的中间层钢筋网片上）：①基础高度满足直锚时，取 $\max(6d, 150)$；②基础高度不满足直锚时（墙柱纵筋在基础内的长度需 $\geqslant 0.6l_{abE}$ 且 $\geqslant 20d$），弯折长度取 $15d$。

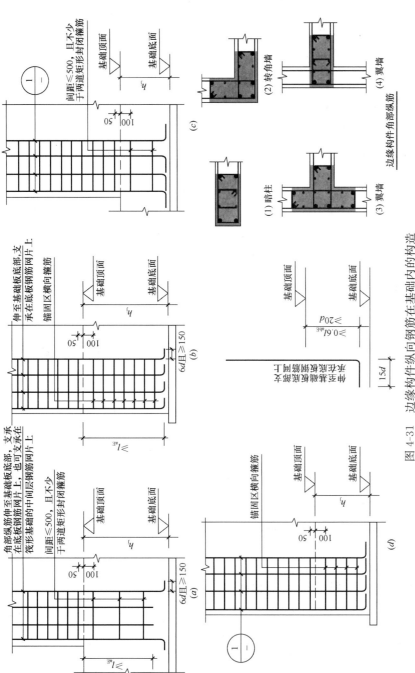

图 4-31　边缘构件纵向钢筋在基础内的构造

（a）保护层厚度 $>5d$：基础高度满足直锚；（b）保护层厚度 $\leqslant 5d$：基础高度满足直锚；（c）保护层厚度 $>5d$：基础高度不满足直锚；
（d）保护层厚度 $\leqslant 5d$：基础高度不满足直锚

注：1. 图中 h_j 为基础底面至基础顶面的高度，墙下有基础梁时，h_j 为梁底面至基础顶面的高度。
　　2. 锚固区横向箍筋应满足直径 $\geqslant d/4$（d 为纵筋最大直径），间距 $\leqslant 10d$（d 为纵筋最小直径）且 $\leqslant 100$ 的要求。
　　3. 当边缘构件纵筋在基础中保护层厚度不一致，部分位于梁中、部分位于板内），保护层厚度不大于 $5d$ 的部分应设置锚固区横向箍筋。
　　4. 图中 d 为墙身竖向分布钢筋直径。

（2）墙柱（边缘构件）基础内需设置矩形封闭箍筋（其箍筋形式见图4-31中边缘构件角部纵筋中的箍筋形式）：①当保护层厚度＞5d时，其矩形封闭箍筋的间距≤500且不少于两道；②当保护层厚度≤5d时，需设置锚固区横向箍筋。③当墙柱（不包含端柱）保护层厚度＞5d，且基础高度满足直锚时，墙柱纵向钢筋在基础内可"隔中下角"。但伸至基础底板底部钢筋网上墙柱的角部纵筋之间的间距不应大于500mm，不满足应将墙柱的其他纵筋伸至钢筋网上，如图4-32所示。

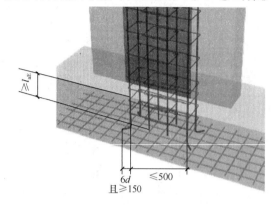

图4-32　边缘构件（不包含端柱）保护层厚度＞5d时纵向钢筋在基础内的构造

2. 墙柱（边缘构件）纵向钢筋的连接构造

（1）端柱竖向钢筋和箍筋的构造与框架柱相同(详见柱平法施工图构造详图解读)。

（2）墙柱（端柱除外）纵向钢筋的连接构造详如图4-33所示。

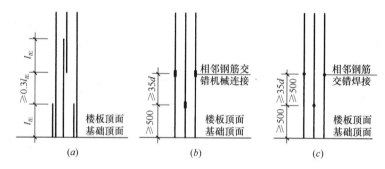

图4-33　边缘构件纵向钢筋的连接构造
（a）绑扎搭接；（b）机械连接；（c）焊接

3. 墙柱（边缘构件）变截面处竖向钢筋构造

（1）端柱竖向钢筋和箍筋的构造与框架柱相同（详见柱平法施工图构造详图解读）。

（2）墙柱（端柱除外）纵向钢筋的连接构造同墙身，详见图4-29。

4. 剪力墙墙柱（边缘构件）竖向钢筋顶部构造

（1）端柱竖向钢筋和箍筋的构造与框架柱相同（详见柱平法施工图构造详图解读）。

（2）墙柱（端柱除外）纵向钢筋的连接构造同墙身，详见图4-30。

5. 约束边缘构件YBZ构造

（1）约束边缘构件沿墙肢的长度l_c的数值见具体工程设计。

（2）l_c范围内的非阴影区设置措施有两种：非阴影区设置拉筋和非阴影区外圈设置封闭箍筋。其箍筋、拉筋的竖向间距同阴影区，如图4-34所示。

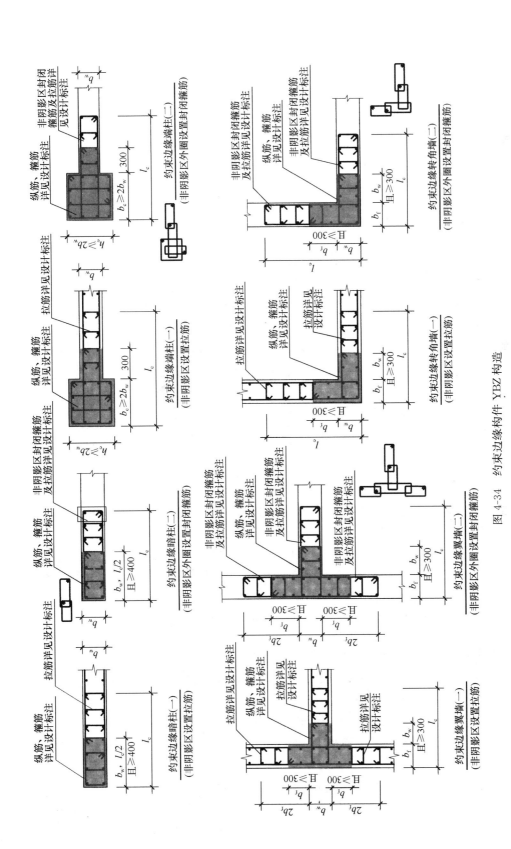

图 4-34 约束边缘构件 YBZ 构造

（3）当 l_c 范围内的非阴影区外圈设置封闭箍筋时，该封闭箍筋伸入到阴影区内一倍纵向钢筋间距，并箍住该纵向钢筋。

（4）当约束边缘构件箍筋、拉筋位置（标高）与墙体水平分布筋相同时可采用图 4-34 所示详图（一）或（二），不同时应采用详图（二）。

4.4.3 剪力墙墙梁钢筋构造

1. 连梁 LL

连梁 LL 配筋构造如图 4-35 所示。

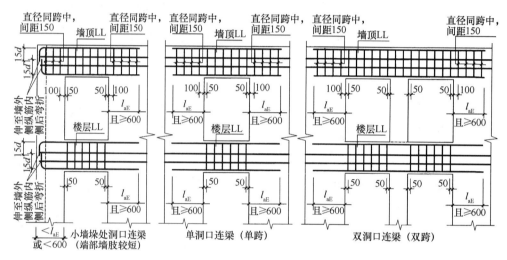

图 4-35　连梁 LL 配筋构造

（1）连梁纵筋的直锚长度为 max（l_{aE}，600），如不满足，可采用弯锚形式，连梁纵筋伸至墙外侧纵筋之内弯折，弯折长度为 15d。

（2）洞口连梁第一根箍筋自洞口边 50mm 设置。墙顶连梁除设置正常连梁箍筋外，在连梁纵筋锚固区需加设箍筋，加设的第一根箍筋在洞口边 100mm 的墙内设置，间距为 150mm，直径同跨中。

（3）连梁设交叉斜筋时的配筋构造如图 4-36 所示。

1）当洞口连梁截面宽度不小于 250mm 时，可采用交叉斜筋配筋。

2）交叉斜筋和对角斜筋的锚固长度均为 max（l_{aE}，600）。

3）交叉斜筋配筋的连梁的对角斜筋在梁端部应设置拉筋，具体数值见设计标注。第一根拉筋的位置距洞口的墙边 50mm。

（4）连梁设集中对角斜筋时的配筋构造如图 4-37 所示。

1）当连梁的截面宽度不小于 400mm 时，可采用集中对角斜筋配筋或对角暗撑配筋。

2）集中对角斜筋的锚固长度为 max（l_{aE}，600）。

3）集中对角斜筋配筋的连梁在梁截面内沿水平方向及竖直方向设置双向拉筋，拉筋应勾住外侧纵向钢筋，间距不应大于 200mm，直径不应小于 8mm。

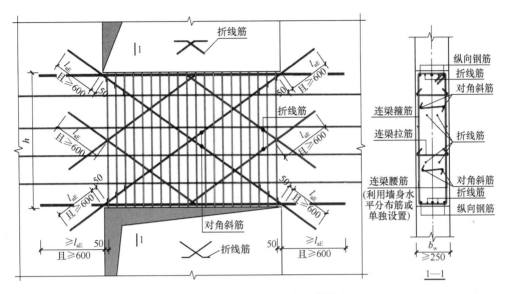

图 4-36 连梁 LL 交叉斜筋配筋构造

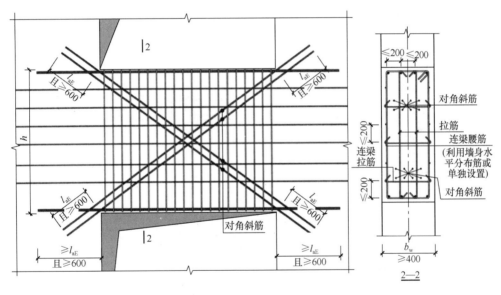

图 4-37 连梁 LL 设集中对角斜筋配筋构造

（5）连梁设对角暗撑时的配筋构造如图 4-38 所示。

1）当连梁的截面宽度不小于 400mm 时，可采用集中对角斜筋配筋或对角暗撑配筋。

2）对角暗撑的纵筋锚固长度为 max（l_{aE}，600），第一根箍筋位置距洞口的墙边 50mm。

3）暗撑箍筋的外缘沿连梁截面宽度方向不应小于梁宽的 1/2，另一方向不宜小于梁宽的 1/5，箍筋肢距不应大于 350mm。

（6）剪力墙连梁 LLk 纵向钢筋、箍筋加密区构造如图 4-39 所示。

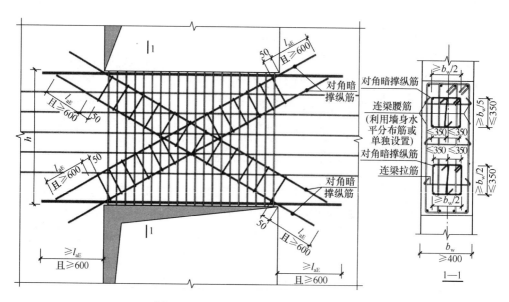

图 4-38 连梁 LL 设对角暗撑配筋构造

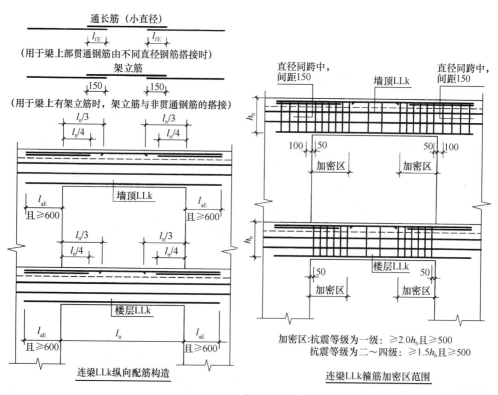

图 4-39 剪力墙连梁 LLk 纵向钢筋、箍筋加密区构造

1）箍筋加密区长度同框架梁：抗震等级为一级，加密区长度取 max（$2.0h_b$，500）；抗震等级为二～四级，加密区长度取 max（$1.5h_b$，500）。

2）梁上部通长钢筋与非贯通筋直径相同时，连接位置宜位于跨中 $l_n/3$ 范围内；梁下部钢筋的连接位置宜位于支座 $l_n/3$ 范围内，且在同一连接区段内钢筋接头面积百分率不宜大于 50%。

3）当梁纵筋（不包括架立筋）采用绑扎搭接时，搭接区内箍筋间距应 ≤100mm且≤5d（d 为搭接钢筋的最小直径）。

4）梁侧面构造钢筋的做法同连梁。

2. 边框梁 BKL 或暗梁 AL

边框梁 BKL 或暗梁 AL 钢筋构造如图 4-40 所示

（1）边框梁 BKL 或暗梁 AL 的节点做法同框架结构。

（2）边框梁 BKL 或暗梁 AL 的第一根箍筋自边框柱边 50mm 开始设置。

（3）边框梁 BKL 或暗梁 AL 与连梁重叠时的配筋构造如图 4-40 所示。

4.4.4 剪力墙洞口的补强钢筋构造

1. 剪力墙矩形洞口补强钢筋构造

（1）矩形洞口洞宽和洞高均不大于 800mm 时，洞口补强钢筋构造如图 4-12 所示。

1）每侧补强钢筋按设计注写值设置，补强钢筋两端锚入墙内 l_{aE}。

2）洞口被截断的钢筋过补强钢筋设置弯钩，伸至墙体对侧。

（2）当矩形的洞宽和洞高大于 800 时，在洞口的上、下需设置补强暗梁，如图 4-14 所示。

1）补强暗梁的梁高为 400mm，配筋按设计标注设置。暗梁纵筋两端在墙内的锚固长度为 l_{aE}。

2）当洞口上边或下边为连梁时，不再重复设置补强暗梁。

3）洞口竖向两侧设置剪力墙边缘构件，详见剪力墙墙柱设计。

2. 剪力墙圆形洞口补强钢筋构造

（1）剪力墙圆形洞口直径不大于 300mm 的钢筋构造如图 4-15 所示。每侧补强钢筋按设计注写值设置，补强钢筋两端锚入墙内 l_{aE}。

（2）剪力墙圆形洞口大于 300mm 且小于等于 800mm 时的补强钢筋构造如图 4-16 所示。

1）每侧补强钢筋按设计注写值设置，补强钢筋两端锚入墙内 l_{aE}。

2）设置环向补强钢筋，环向补强钢筋按设计注写值设置，闭合后搭接长度取 max（l_{aE}，300）。

3）洞口被截断的钢筋过环向补强钢筋设置弯钩，伸至墙体对侧。

（3）剪力墙圆形洞口大于 800mm 时的补强钢筋构造如图 4-17 所示。

1）当圆形洞口直径大于 800mm 时，在洞口的上、下需设置补强暗梁，补强暗梁的梁高为 400mm，配筋按设计标注设置。暗梁纵筋两端在墙内的锚固长度为 l_{aE}。

2）设置环向补强钢筋，环向补强钢筋按设计注写值设置，闭合后搭接长度取 max（l_{aE}，300）。

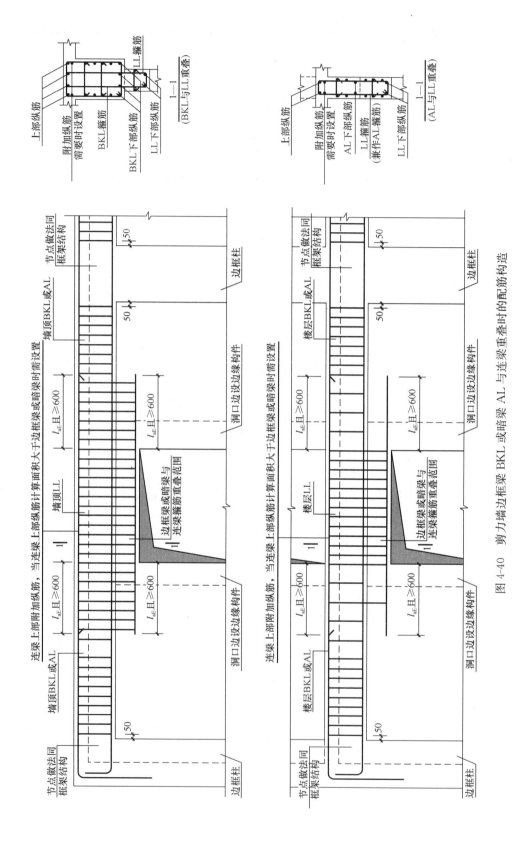

图 4-40 剪力墙边框梁 BKL 或暗梁 AL 与连梁重叠时的配筋构造

3）当洞口上边或下边为连梁时，不再重复设置补强暗梁。洞口竖向两侧设置剪力墙边缘构件，详见剪力墙墙柱设计。

3. 连梁中部圆形洞口的补强钢筋构造

连梁中部圆形洞口的补强钢筋构造详见图 4-18，洞口上下的补强钢筋与每侧补强箍筋按设计注写值设置，圆形洞口需预埋钢套管。

4.4.5 地下室外墙 DWQ 钢筋构造

1. 水平钢筋构造要求

地下室外墙竖向钢筋构造如图 4-41、图 4-42 所示。

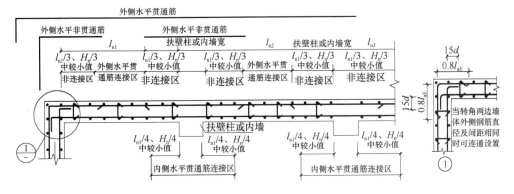

图 4-41 地下室外墙水平钢筋构造

（l_n 为相邻水平跨较大净距者，H_n 为本层净高）

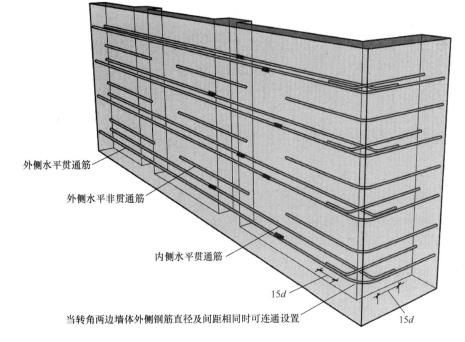

图 4-42 地下室外墙水平钢筋排布及构造示意图

（1）地下室外墙水平钢筋分为：外侧水平贯通筋、外侧水平非贯通筋、内侧水平贯通筋。如墙身外侧有水平非贯通筋，则与外侧水平贯通筋"隔一布一"。

（2）转角处的节点构造如图 4-41 的①号节点详图所示。

1）地下室外墙外侧水平贯通筋钢筋在角部搭接，水平贯通筋伸至墙外侧竖向钢筋之内弯折 $0.8l_{aE}$，总搭接长度为 $1.6l_{aE}$。

2）当转角两边墙体外侧钢筋直径及间距相同时可连通设置。

3）地下室外墙内侧水平钢筋伸至对侧后弯折，弯钩长度 $15d$。

（3）水平贯通钢筋的连接区和非连接区位置如图 4-41 所示。当扶壁柱、内墙不作为地下室外墙的平面外支撑时，水平贯通筋的连接区域不受限制。

2. 竖向钢筋构造要求

地下室外墙竖向钢筋构造见图 4-43。

（1）地下室外墙竖向钢筋分为：外侧竖向贯通筋、外侧竖向非贯通筋、内侧竖向贯通筋。如墙身外侧有竖向非贯通筋，则与外侧竖向贯通筋"隔一布一"。

（2）地下室外墙和顶板的连接节点的做法如图 4-43 的②、③节点详图所示，选用由设计人员在图纸中注明。

（3）竖向贯通钢筋的连接区和非连接区位置如图 4-43 所示。

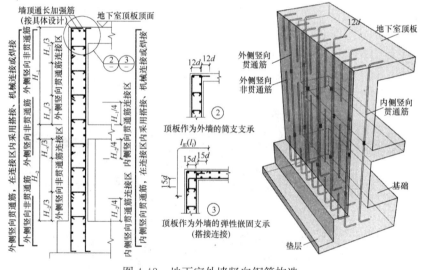

图 4-43　地下室外墙竖向钢筋构造

（H_{-x} 为 H_{-1} 和 H_{-2} 的较大值）

地下室外墙贯通筋，在连接区内采用搭接、机械连接或焊接。

4.5　知识拓展

4.5.1　墙梁（连梁 LL、暗梁 AL、边框梁 BKL）侧面纵筋和拉筋的设置

（1）若墙梁侧面纵筋不标注，则表示墙身水平分布筋伸入墙梁侧面作为其梁

侧面纵筋使用；若墙身水平分布筋不满足墙梁侧面纵筋的要求时，则需注写梁侧面纵筋的具体数值。

（2）墙梁拉筋直径：当梁宽≤350mm时为6mm；梁宽>350时为8mm，拉筋间距为2倍箍筋间距，竖向沿侧面水平筋隔一拉一。

4.5.2 剪力墙墙身与暗梁 AL、边框梁 BKL 之间的钢筋关系

1. 墙身的竖向钢筋应连续穿越暗梁 AL 和边框梁 BKL。

2. 墙身与暗梁 AL 之间的钢筋关系，如图 4-44、图 4-45 所示。

暗梁箍筋外皮与剪力墙竖向钢筋外皮平齐，暗梁上、下部纵筋在暗梁箍筋内侧设置，剪力墙水平分布筋作为暗梁侧面纵筋在暗梁箍筋外侧紧靠箍筋外皮连续配置。

3. 墙身与边框梁 BKL 之间的钢筋关系如图 4-46、图 4-47 所示。

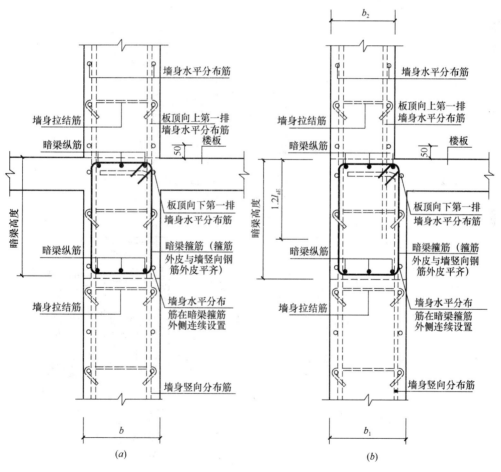

图 4-44　墙身与楼层暗梁 AL 的钢筋排布关系（一）

（*a*）墙身截面未变化；（*b*）墙身截面单侧变化

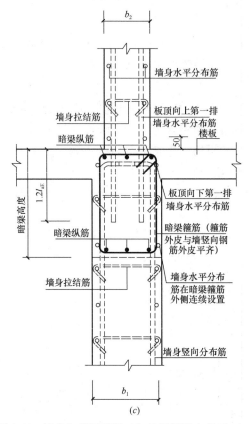

图 4-44 墙身与楼层暗梁 AL 的钢筋排布关系（二）

（c）墙身截面双侧变化

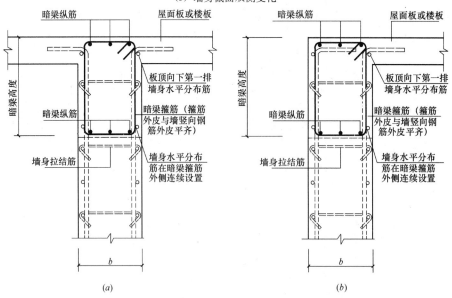

图 4-45 墙身与顶层暗梁 AL 的钢筋排布关系

（a）顶层中间墙位置；（b）顶层边墙位置

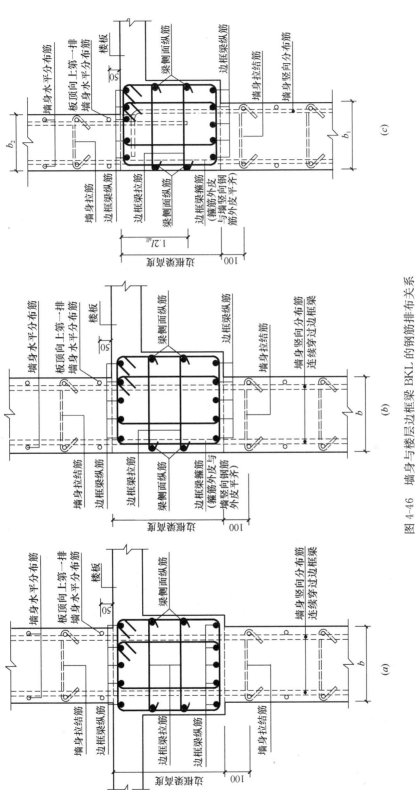

图 4-46 墙身与楼层边框梁 BKL 的钢筋排布关系

(a) 墙身截面未变化，边框梁居中；(b) 墙身截面未变化，边框梁与墙一侧平齐；(c) 墙身截面单侧变化，边框梁与墙一侧平齐

137

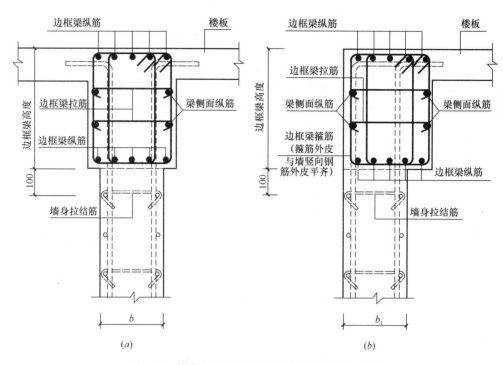

图 4-47　墙身与顶层边框梁 BKL 的钢筋排布关系

（a）顶层中间墙位置，边框梁居中；（b）顶层边墙位置，边框梁与墙一侧平齐

（1）边框梁与墙身侧面齐平时，齐平一侧箍筋外皮与剪力墙竖向分布钢筋外皮齐平，边框梁侧面纵筋在边框梁箍筋外侧紧靠箍筋外皮设置；当边框梁与墙身外侧不齐平时，边框梁侧面纵筋在边框梁箍筋内设置。

（2）当设计未单独设置边框梁侧面纵筋时，边框梁侧面纵筋及拉筋与墙身水平分布筋及拉结筋规格相同。

任务实训 4　剪力墙平法施工图集训

任务实训 4.1　依据附图 3 完成填空。

1. 剪力墙是由＿＿＿＿＿、＿＿＿＿＿和＿＿＿＿＿三种构件组成。

2. 本图适用于标高＿＿＿＿＿的范围内剪力墙的施工与算量。

3. 剪力墙身钢筋由＿＿＿＿＿、＿＿＿＿＿和＿＿＿＿＿组成。②轴线上Ⓐ～Ⓔ轴间的墙身为＿＿＿＿＿，墙厚＿＿＿＿＿，轴线是否居中＿＿＿＿＿，钢筋排数为＿＿＿＿＿，水平分布筋＿＿＿＿＿，竖向分布筋＿＿＿＿＿，拉筋为＿＿＿＿＿，＿＿＿＿＿布置。钢筋排放应把＿＿＿＿＿放在外。

4. 边缘构件又称为＿＿＿＿＿，剪力墙的边缘构件分为＿＿＿＿＿和＿＿＿＿＿两种类型。

5. ⑥轴和Ⓐ轴相交处的 YBZ3 的含义是＿＿＿＿＿，试绘制其与轴线的定位关系，定位放线图：＿＿＿＿＿＿＿＿＿＿其柱纵筋数量为＿＿＿＿＿，箍筋为＿＿＿＿＿。

6. 本层墙身留洞位置在_____，洞口中心相对标高_____，洞口尺寸为_____。

任务实训 4.2　依据附图 4 完成填空。

1. 参照 2.780 梁平法施工图，Ⓐ轴上⑪～⑮轴间的 LLK2，其编号的含义为：_____，梁截面尺寸为_____，梁上部贯通纵筋为 _____，梁下部纵筋为_____，箍筋采用_____。

2. LL1 的梁截面尺寸为_____，梁上部贯通纵筋为_____，梁下部纵筋为_____，箍筋采用_____。

任务 5

梁平法施工图识读

【目标描述】

通过本任务的学习，学生能够：

(1) 熟练地识读框架梁施工图。

(2) 熟练应用《混凝土结构施工图平面整体表示方法制图规则和构造详图（现浇混凝土框架、剪力墙、梁、板）》16G101-1 平法图集和结构规范解决实际工程问题。

任务实训：采用实际的施工图纸，学生通过完成集训任务，加强和检验学生们的识图能力和图集、规范的应用能力。

5.1 知识准备

5.1.1 钢筋混凝土梁的类型和构造

1. 钢筋混凝土梁的类型

（1）按截面形式

可分为矩形截面梁、T 形截面梁、工字形截面梁、槽形截面梁和箱形截面梁等，如图 5-1 所示。

（2）按施工方法

可分为现浇梁、预制梁和预制现浇叠合梁。

（3）按结构力学属性

可分为简支梁、外伸梁，悬臂梁等。

（4）按在建筑结构中的位置及结构属性

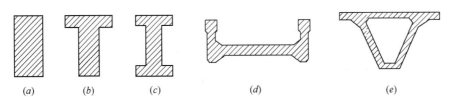

图 5-1 梁的截面形式

（a）矩形截面梁；（b）T 形截面梁；（c）工字形截面梁；（d）槽形截面梁；（e）箱形截面梁

可分为：楼层框架梁、屋面框架梁、基础梁、非框架梁、悬挑梁等，如图 5-2 所示。

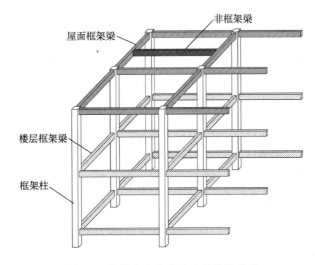

图 5-2 按梁在建筑结构中的位置分类

2. 钢筋混凝土梁的构造

简支梁内通常布置有纵向受力钢筋、箍筋、弯起钢筋、架立筋及构造钢筋，如图 5-3 所示。

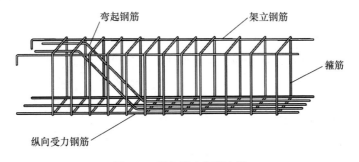

图 5-3 简支梁内钢筋布置

1）纵向受力钢筋：布置于梁的受拉区，承受弯矩产生的拉应力，如图 5-4 所示。

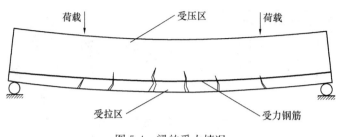

图 5-4 梁的受力情况

2）箍筋：固定纵向受力钢筋形成骨架，同时承受由剪力和弯矩在梁内产生的主拉应力。

3）弯起钢筋：是由纵向受力钢筋靠近支座弯起而形成的，跨中承受弯矩产生的拉力，弯起段承受弯矩和剪力共同产生的主拉应力。

4）架立钢筋：固定箍筋位置，与梁底纵向受力钢筋形成钢筋骨架。

5）构造钢筋：当梁截面腹板高度 $h_w \geqslant 450$mm 时，应在梁的两侧沿高度设置纵向构造钢筋，纵向构造钢筋间距 $a \leqslant 200$mm。用于防止梁侧面产生垂直于梁轴线的收缩裂缝，加强钢筋骨架的刚性，如图 5-5 所示。

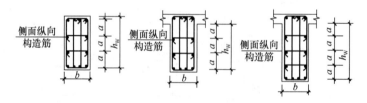

图 5-5 梁侧面纵向构造钢筋和拉筋

6）拉筋：梁两侧的构造钢筋宜用拉筋联系，拉筋直径：梁宽 $b \leqslant 350$mm 时，取 6mm；梁宽 $b > 350$mm 时，取 8mm。拉筋间距取非加密区箍筋间距的 2 倍。当设多排拉筋时，上下排拉筋宜竖向错开设置，如图 5-5 所示。

5.1.2 框架梁的配筋

1. 框架梁内的配筋

框架梁的受力特点是：跨中产生正弯矩，支座处产生负弯矩，如图 5-6 所示。

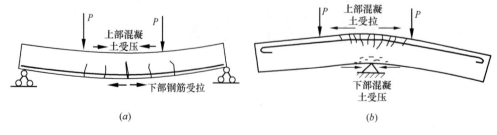

图 5-6 框架梁的受力情况

（a）跨中正弯矩；（b）支座负弯矩

跨中按最大正弯矩配置梁下部受力钢筋，支座按最大负弯矩配置梁上部受力钢筋。并应按规范规定的构造要求进行锚固。

框架梁内配筋主要有：梁上部纵向受力钢筋、梁下部纵向受力钢筋、箍筋和梁侧面构造钢筋，如图5-7所示。

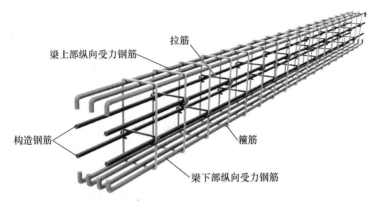

图5-7 框架梁内配筋示意图

2. 梁支座上部纵钢筋

梁支座处上部纵向受力钢筋简称为梁支座上部纵筋，包括梁上部通长筋和非贯通筋两种情况，如图5-8所示。

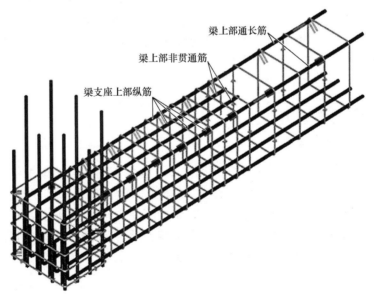

图5-8 梁支座上部纵筋示意图

3. 梁跨中上部纵向钢筋

梁跨中上部纵向钢筋一般情况下只有贯通筋，如图5-8所示。如箍筋肢数大于2肢时，尚需加设架立钢筋，如图5-9所示。

143

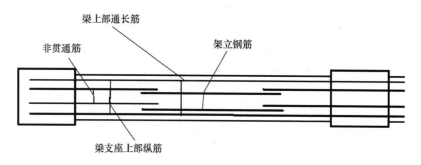

图 5-9 梁上部钢筋示意图

4. 附加箍筋和附加吊筋

在主次梁相交处，主梁要承受次梁传递过来的集中荷载，故需在主次梁相交处主梁之上设置附加箍筋和附加吊筋。其构造详图见图 5-31。

5.1.3 梁平法施工图的表示方法

梁平法施工图系在梁平面布置图上采用平面注写方式或截面注写方式表达。

梁内钢筋设置动画

梁的平面布置图，应分别按梁的不同结构层（标准层）将全部梁和与其相关联的柱、墙、板一起采用适当比例绘制。对于轴线未居中的梁，应标注其偏心定位尺寸（贴柱边的梁可不注）。

5.2 平面注写方式

平面注写方式：系在梁平面布置图上，分别在不同编号的梁中各选一根梁，在其上注写截面尺寸和配筋具体数值的方式表达梁平法施工图。

平面注写包括集中标注和原位标注，集中标注表达梁的通用数值，原位标注表达梁的特殊数值。当集中标注中的某项数值不适合于某部位时，则将该项数值原位标注，施工时，原位标注取值优先，如图 5-10 所示。

5.2.1 集中标注

梁集中标注的内容，可在梁的任意一跨用引出线引出注写，如图 5-10 所示。其有五项必注值（包括梁编号、梁截面尺寸、梁箍筋、梁上部通长筋或架立筋、梁侧面构造钢筋或受扭钢筋）及一项选住值（梁顶标高差）。

1. 梁编号

梁的编号由梁的类型代号、序号、跨数及有无悬挑几项组成。应符合表 5-1

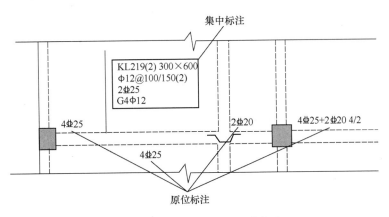

图 5-10　梁的集中标注和原位标注

的规定。

梁编号　　　　　　　　　　　　　　　　　表 5-1

梁类型	代号	序号	跨数及是否悬挑
楼层框架梁	KL	××	(××)、(××A)、(××B)
楼层框架扁梁	KBL	××	(××)、(××A)、(××B)
屋面框架梁	WKL	××	(××)、(××A)、(××B)
框支梁	KZL	××	(××)、(××A)、(××B)
托柱转换梁	TZL	××	(××)、(××A)、(××B)
非框架梁	L	××	(××)、(××A)、(××B)
悬挑梁	XL	××	(××)、(××A)、(××B)
井字梁	JZL	××	(××)、(××A)、(××B)

注：1. (××A)为一端有悬挑，(××B)为两端有悬挑，悬挑不计入跨数。

2. 楼层框架扁梁节点核心区代号 KBH。

3. 本图集中非框架梁 L、井字梁 JZL 表示端支座为铰接，当非框架梁 L、井字梁 JZL 端支座上部纵筋利用钢筋的抗拉强度时，在梁代号后加"g"。

【例 5-1】KL219（2）：表示 219 号框架梁，2 跨；

WKL602（3A）：表示 602 号屋面框架梁，3 跨一端有悬挑。

2. 梁截面尺寸

梁截面尺寸标注的格式：

（1）当为等截面梁时，用 $b×h$ 表示。

【例 5-2】图 5-10 所示 KL219（2）300×600，表示梁截面宽度为 300mm，截面高度为 600mm。

（2）当为竖向加腋梁时，用 $b×h$ $Yc_1×c_2$ 表示，其中 c_1 为腋长，c_2 为腋高。当为水平加腋时，一侧加腋用 $b \times h\ \mathrm{PY}c_1 \times c_2$ 表示，其中 c_1 为腋长，c_2 为腋宽，加腋部位应在平面图中绘制。

【例 5-3】 $300 \times 700\mathrm{Y}500 \times 250$ 表示梁宽 300mm，梁高 700mm，竖向加腋尺寸：腋长 500mm，腋高 250mm，如图 5-11 所示。

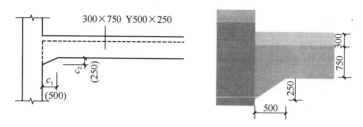

图 5-11 梁竖向加腋注写示意

（3）当悬挑梁采用变截面高度时，用 "/" 分割根部与端部的高度值，即为 $b \times h_1/h_2$。

【例 5-4】 $300 \times 700/500$ 表示梁宽 300mm，悬挑梁根部截面高度为 700mm，悬挑梁端部高度为 500mm，如图 5-12 所示。

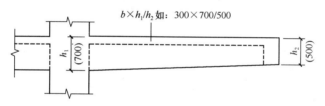

图 5-12 悬挑梁不等高截面注写示意

3. 梁箍筋

梁箍筋，包括钢筋级别、直径、加密区与非加密区间距及箍筋肢数（梁箍筋肢数如图 5-13 所示，应注写在括号内）。

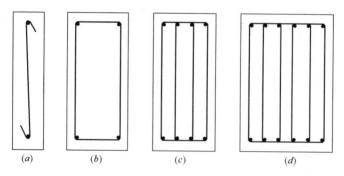

图 5-13 箍筋肢数示意

（a）单肢箍；（b）双肢箍；（c）四肢箍；（d）六肢箍

（1）当箍筋加密区与非加密区间距和肢数不同时用 "/" 分隔。

【例 5-5】 $\Phi 10@100$（4）/200（2），表示箍筋采用 HPB300 的钢筋，直径为

10mm，加密区间距为 100mm 的四肢箍，非加密区箍筋间距为 200mm 的双肢箍。

（2）当梁箍筋为一种间距和肢数时，则不需用斜线。

【例5-6】Φ8@200（2），表示箍筋采用 HPB300 的钢筋，直径为 8mm，箍筋间距为 200mm 的双肢箍。

（3）当加密区与非加密区箍筋肢数相同时则将肢数注写一次。

【例5-7】Φ10@100/200（2），表示箍筋采用 HPB300 的钢筋，直径为 10mm，加密区间距为 100mm，非加密区箍筋间距为 200mm，均为双肢箍。

（4）当抗震结构中非框架梁、悬挑梁、井字梁及非抗震结构中的各类梁采用不同箍筋间距和肢数时，也可用"/"将其分隔，先注写梁支座端部箍筋（包括箍筋的箍数、钢筋的级别、直径、间距与肢数），在斜线后注写梁跨中部分的箍筋间距与肢数。

【例5-8】10Φ8@100/200（4），表示箍筋采用 HPB300 的钢筋，直径为 8mm，梁两端各有 10 个间距为 100 的四肢箍，梁跨中部分箍筋间距为 200mm，为 4 肢箍。

4. 梁上部通长筋或架立钢筋

（1）该项为必注项。所注规格和根数应根据结构的受力要求及箍筋肢数等构造要求确定。

【例5-9】2Φ25，表明梁上部配置 2Φ25 的通长筋。

（2）当同排纵筋既有通长筋又有架立筋时，应用加号"+"将通长筋和架立筋相连。注写时需将角部纵筋写在加号前面，架立筋写在加号后面的括号内。当全部采用架立筋时，则将其写在括号内。

【例5-10】图 5-14 中 KL219 集中标注中，2Φ22＋（2Φ12）用于 2 肢箍，其中 2Φ22 为通长筋，2Φ12 为架立筋。

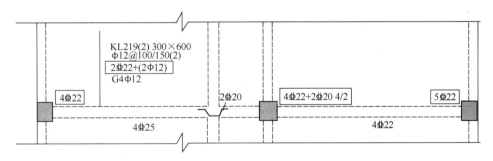

图 5-14 既有通长筋又有架立筋时标注示意

（3）当梁上部纵筋和下部纵筋全跨相同，且多数跨配筋相同时，此处可加注下部纵筋的配筋值，用"；"将上部和下部的配筋值分隔开来，少数跨不同时，采用原位标注，如图 5-15 所示。

【例5-11】图 5-15 的 L20 集中标注中，2Φ22；4Φ20 表示梁上部配置 2Φ22 的通长筋，梁下部配置 4Φ20 的通长筋。

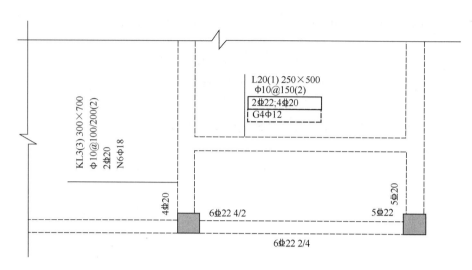

图 5-15 当梁上部纵筋和下部纵筋全跨相同及构造钢筋、扭筋的标注方法

5. 梁侧面纵向构造钢筋或受扭钢筋

（1）当梁腹板高度 $h_w \geqslant 450mm$ 时，需配置纵向构造钢筋，所注规格与根数应符合规范规定。此项注写以大写字母 G 打头，接续注写设置在梁两个侧面的总配筋值，且对称配置。

【例 5-12】 图 5-15 中 L20 集中标注注有 G4Φ12，表示梁两侧共配置 4Φ12 的纵向构造钢筋，每侧各配置 2Φ12。

（2）当梁侧面需要配置受扭纵向钢筋时，此项注写以大写字母"N"开头，接续注写配置在梁两侧的总配筋值，且对称配置。受扭纵向钢筋应满足梁侧面纵向构造钢筋的间距要求，且不再重复配置纵向构造钢筋。

【例 5-13】 图 5-15 中 KL3 集中标注 N6Φ18 表示梁的两个侧面共配置 6Φ18 的受扭钢筋，每侧各配置 3Φ18。

注意：当为梁侧面构造钢筋时，其搭接与锚固长度可取 $15d$；当为梁侧受扭钢筋时，其搭接长度为 l_l 或 l_{lE}，锚固长度为 l_a 或 l_{aE}，其锚固方式同梁下部纵筋。

6. 梁顶面标高高差（该项为选注值）

梁顶面标高高差，系指相对于结构层楼面标高的高差值，对于位于结构夹层的梁，则指相对于结构夹层楼面标高的高差。有高差时，需将其写在括号内，无高差时不注。如某梁的顶面标高高于结构层的楼面标高时，其标高差为正值，反之为负值。

5.2.2 梁原位标注

梁原位标注内容规定如下：

1. 梁支座上部纵筋

梁支座上部纵筋，指含通长筋在内的所有纵筋，标注在梁上部支座处。

（1）当上部纵筋多于一排时，用"/"将各排纵筋自上而下分开。

【例5-14】图5-16中，KL219梁左端支座上部纵筋注写为6单22 4/2，表示梁支座上部纵筋分两排布置，上排钢筋为4单22，下排钢筋为2单22。

（2）当同排纵筋有两种直径时，用"＋"将两种直径的纵筋相连，注写时将角筋写在前面。

【例5-15】图5-16中，KL219梁右端支座上部纵筋注写4单22＋2单20 4/2，表示梁支座上部纵筋布置有4单22的钢筋和2单20的钢筋，上排钢筋为4单22，下排钢筋为2单20。

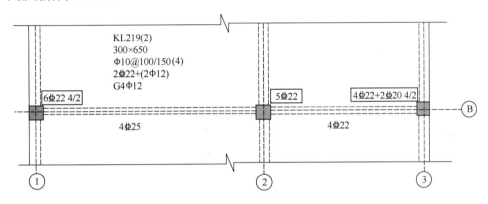

图5-16　梁支座上部纵筋

（3）当梁中间支座两边的上部钢筋不同时，须在支座两边分别标注；当梁中间支座两边的上部钢筋相同时，可仅在支座一边标注配筋值。

【例5-16】图5-16中，梁中间支座一边注写5单22，表示中间支座左右两侧上部钢筋均为5单22。

【例5-17】图5-17中，梁中间支座左边注写4单20，右边注写6单20 4/2，表示梁支座左侧的上部纵筋为4单20；右侧上部纵筋为6单20，分两排布置，上排4根、下排2根。

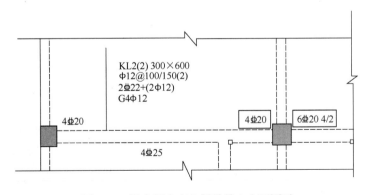

图5-17　梁中间支座上部纵筋左右不同时

2. 梁下部纵筋

梁下部纵筋标注在梁下跨中位置。

（1）当下部纵筋多于一排时，用"/"将各排纵筋自上而下分开。

【例5-18】图5-18中，KL2第一跨梁下部注写为6Φ25 2/4，表示梁下部纵筋总数为6Φ25，分两排布置，上排钢筋为2Φ25，下排钢筋为4Φ25。

（2）当同排纵筋有两种直径时，用"＋"将两种直径的纵筋相连，注写时角筋写在前面。

（3）当梁的集中标注已经注写梁下通长筋时，则不需在梁下部重复做原位标注。

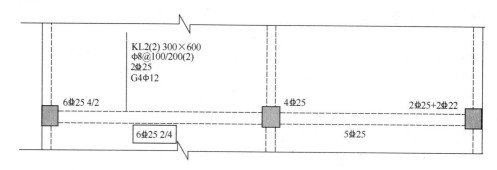

图 5-18　梁下部纵筋

3. 当梁上集中标注的内容不适用于某跨或悬挑部位时，则将其不同数值，原位标注在该跨或悬挑部位，施工时应按原位标注数值取用。

【例5-19】图5-19中，KL2第一跨的箍筋应采用Φ10@100/200（2），第二跨的截面尺寸应采用300×700。

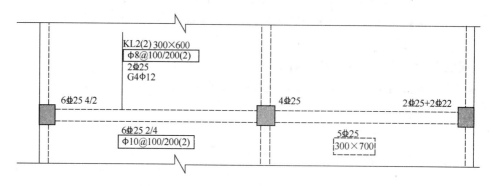

图 5-19　对集中标注内容的原位修正示意

4. 附加箍筋与附加吊筋

在主次梁交接处，将附加箍筋与附加吊筋直接画在平面图的主梁上，用线引注总配筋值（附加箍筋的肢数注写在括号内），当多数附加箍筋或附加吊筋相同时，可在梁平法施工图上统一注明，少数与统一值不同时，再原位引注。

【例5-20】图5-20中的KL8，除了按设计要求，第一跨主次梁相交处在主梁上配置2Φ16的附加吊筋；第二跨的主次梁相交处在主梁上次梁的两侧共设置6Φ8附加箍筋，双肢箍，次梁每侧各设置3Φ8（2）。

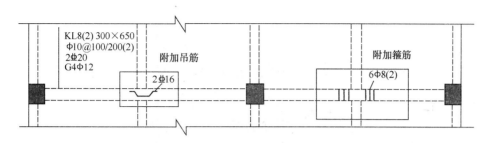

图 5-20　附加箍筋与附加吊筋的原位标注

5.3 截面注写方式

截面注写方式，系在分标准层绘制的梁平面布置图上，分别在不同编号的梁中，各选择一根梁用剖面号引出配筋图，并在配筋图上注写截面尺寸和配筋具体数值的注写方式，如图 5-21 中 L3 和 L4 所示。

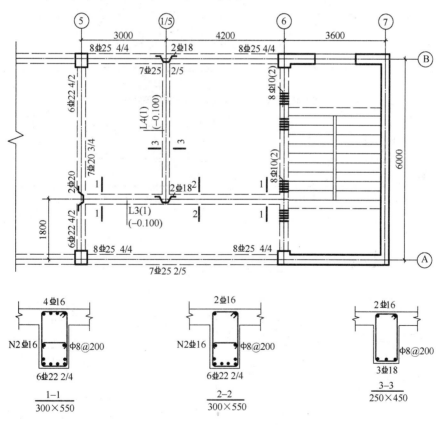

图 5-21　梁平法施工图截面注写方式示例

5.4 梁平法施工图构造详图解读

5.4.1 框架梁上部纵筋的钢筋构造

框架梁按其所在位置分为楼层框架梁和屋面框架梁两种情况，其梁上部钢筋构造主要有：端支座的锚固、梁上部通长筋的连接、梁上部非贯通筋的截断。

1. 框架梁上部钢筋端支座锚固

梁上部钢筋端支座锚固分楼层框架梁和屋面框架梁两种情况。

（1）楼层框架梁上部钢筋端支座锚固有直锚、弯锚和加锚头（锚板）三种情况，如图 5-22、图 5-23 所示。

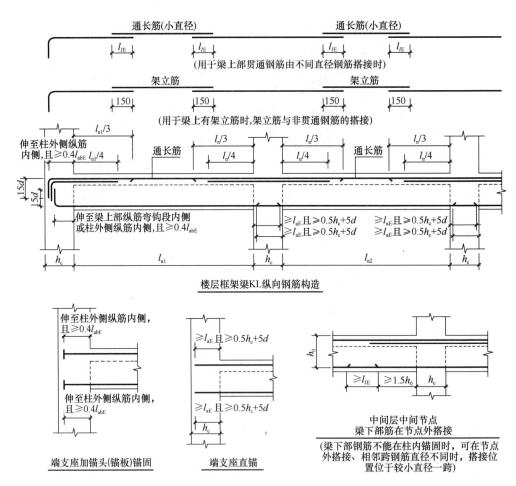

图 5-22　楼层框架梁纵向钢筋构造

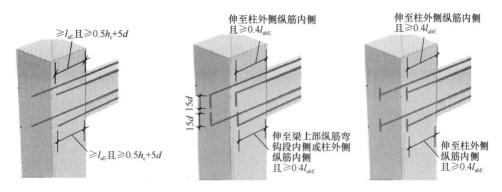

图 5-23　楼层框架梁端支座锚固示意图

（2）屋面框架梁上部钢筋端支座锚固有：柱外侧纵筋作为梁上部钢筋使用、柱锚梁（柱外侧纵向受力钢筋进入梁上部，与梁上部纵筋搭接锚固）、梁锚柱（梁上部钢筋进入柱外侧，与柱外侧纵筋搭接锚固）三种情况，如图 5-25 所示，详细解析见任务 2 边柱和角柱柱顶钢筋构造解析。

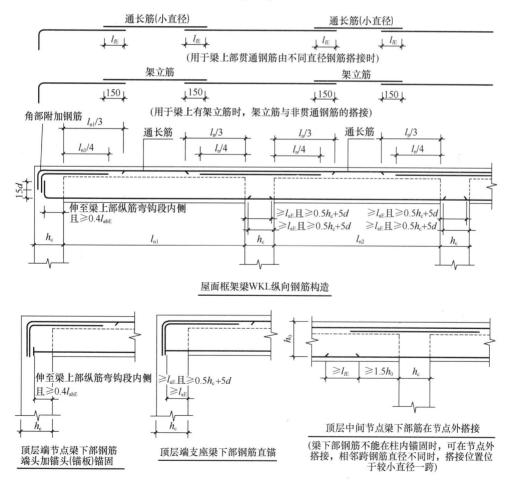

图 5-24　屋面框架梁纵向钢筋构造

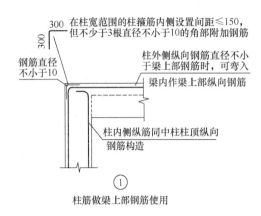

①

柱筋做梁上部钢筋使用

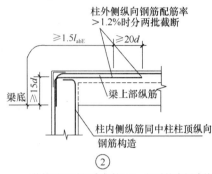

②

柱锚梁(1)从梁底起算1.5l_{abE}超过柱内侧边缘

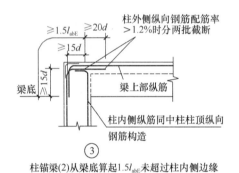

③

柱锚梁(2)从梁底算起1.5l_{abE}未超过柱内侧边缘

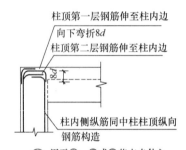

④ 用于①、②或③节点未伸入
梁内的柱外侧钢筋锚固

当现浇板厚度不小于100时，也
可按②节点方式伸入板内锚固，
且伸入板内长度不宜小于15d

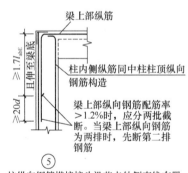

⑤

梁锚柱 梁、柱纵向钢筋搭接接头沿节点外侧直线布置

图 5-25 屋面框架梁端支座锚固构造

2. 框架梁（KL、WKL）上部非贯通筋的截断

框架梁上部非贯通筋的截断点位置，即非贯通筋向跨内的伸出长度 a_0，楼层框架梁和屋面框架梁一致。为方便施工，凡框架梁和非框架梁（不包括井字梁）在标准构造详图中统一取值为：第一排非贯通筋自柱（梁）边起伸出 $l_n/3$；第二排非贯通筋自柱（梁）边起伸出 $l_n/4$。l_n 为梁净跨，对于端支座，l_n 取本跨的净跨值，对于中间支座，l_n 取支座两边较大一跨的净跨值。如图 5-22、图 5-24 所示。

3. 框架梁（KL、WKL）上部通长筋的连接

梁上部通长筋的连接构造详见图 5-22 和图 5-24，分三种情况：

（1）框架梁上部通长筋与非贯通筋直径相同时，连接位置宜位于跨中 $l_{ni}/3$ 范围内，同一连接区段内接头百分率不宜大于 50%，如图 5-26 所示。

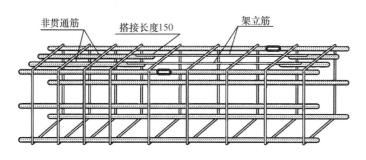

图 5-26　梁上部通长筋与非贯通筋直径相同时的连接构造

（2）框架梁上部通长筋与非贯通筋直径不同时，通长筋与非贯通筋的搭接长度为 l_{lE}，如图 5-22（或图 5-24）和图 5-27 所示。

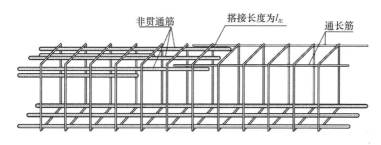

图 5-27　梁上部通长筋与非贯通筋直径不同时的连接构造

（3）当框架梁上部有架立钢筋时，架立钢筋与非贯通筋的搭接长度为 150mm，如图 5-22 和图 5-26 所示。

5.4.2　框架梁（KL、WKL）下部纵筋的钢筋构造

框架梁（KL、WKL）下部纵筋的钢筋构造，包括端支座锚固、中间支座的锚固和连接。

1. 框架梁（KL、WKL）下部纵筋端支座锚固

框架梁下部纵筋端支座锚固包括直锚、弯锚和加锚头（锚板）三种情况，如图 5-22（或图 5-24）、图 5-23 所示。

2. 框架梁（KL、WKL）下部纵筋中间支座的锚固

框架梁的下部纵筋应尽量避免在中柱内锚固，宜本着"能通则通"的原则来保证节点核心区混凝土的浇筑质量。当必须锚固时，锚固做法如图 5-22（或图 5-24）所示。

3. 框架梁（KL、WKL）下部纵筋的连接

梁下部纵筋的连接位置宜穿越节点或支座，可延伸至相邻跨内的箍筋加密区

以外搭接连接，连接位置宜位于支座 $l_{ni}/3$ 范围内，且距离支座边缘不应小于 $1.5h_0$，在同一连接区段内接头百分率不宜大于 50%。连接位置及要求如图 5-28、图 5-29 所示。

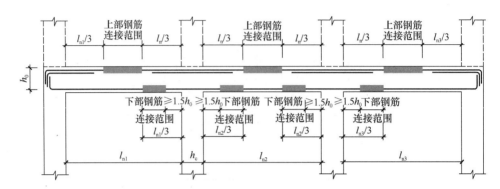

图 5-28　框架梁纵向钢筋连接位置示意图

（h_0 为梁的有效高度）

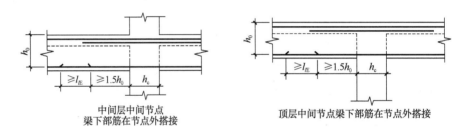

图 5-29　框架梁下部纵筋节点外搭接构造

当相邻钢筋直径不同时，搭接位置位于较小直径一跨。

如必须在加密区连接，应采用机械连接或焊接。

5.4.3　框架梁（KL、WKL）箍筋加密区范围

框架梁（KL、WKL）箍筋加密区范围如图 5-30 所示。

5.4.4　附加箍筋和附加吊筋构造

附加箍筋与附加吊筋的构造如图 5-31 所示。

5.4.5　非框架梁 L、Lg 配筋构造

非框架梁 L、Lg 配筋构造详如图 5-32 所示。

5.4.6　悬挑梁钢筋构造

悬挑梁钢筋构造详如图 5-33 所示。

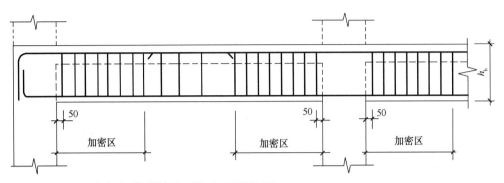

加密区：抗震等级为一级：$\geqslant 2.0h_b$且$\geqslant 500$
抗震等级为二～四级：$\geqslant 1.5h_b$且$\geqslant 500$

框架梁（KL、WKL）箍筋加密区范围（一）
（弧形梁沿梁中心线展开，箍筋间距
沿凸面线量度。h_b为梁截面高度）

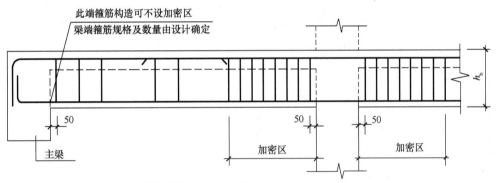

加密区：抗震等级为一级：$\geqslant 2.0h_b$且$\geqslant 500$
抗震等级为二～四级：$\geqslant 1.5h_b$且$\geqslant 500$

框架梁（KL、WKL）箍筋加密区范围（二）
（弧形梁沿梁中心线展开，箍筋间距
沿凸面线量度。h_b为梁截面高度）

图 5-30　框架梁（KL、WKL）箍筋加密区范围

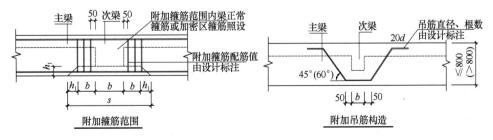

图 5-31　附加箍筋及附加吊筋钢筋构造

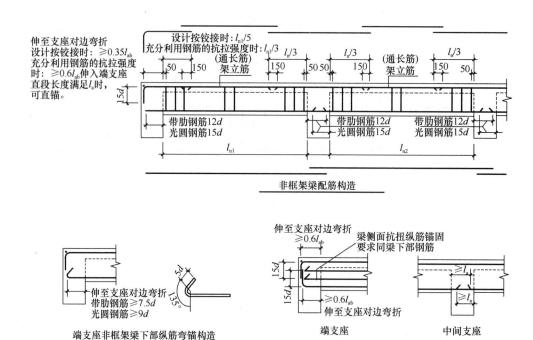

图 5-32 非框架梁 L、Lg 配筋构造

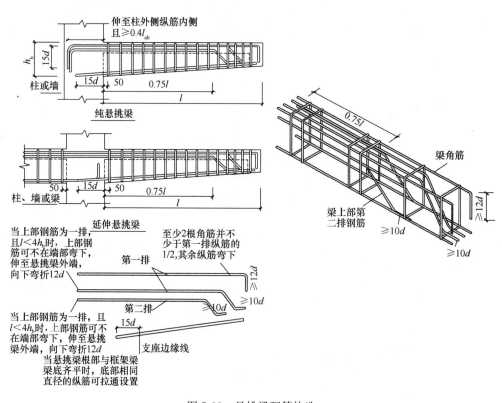

图 5-33 悬挑梁配筋构造

5.5 知识拓展

5.5.1 绘制框架梁纵向剖面图（梁纵剖）和截面配筋图

此项拓展有益于学生对注写方式的进一步理解，增强学生的空间想象力，同时加强学生对框架梁构造详图的理解和图集的应用能力。

某框架梁如图 5-34 所示，试绘制该框架梁纵向剖面图和截面配筋图。（梁柱混凝土强度等级为 C30，框架结构抗震等级为三级抗震，柱截面尺寸为 600mm×600mm（轴线居中），柱箍筋为Φ10@100/200，柱纵筋为 16Φ20，柱纵筋混凝土保护层厚度为 20mm。

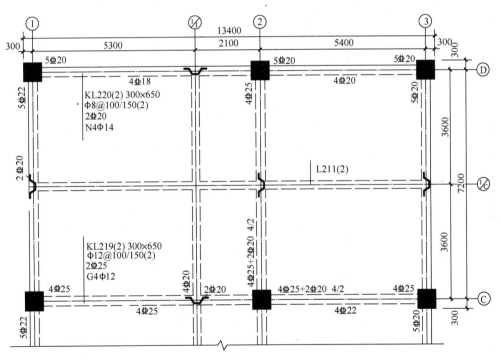

图 5-34 KL219 平面注写方式示意

1. 计算 KL219 各跨的净跨

KL219 有两跨：第一跨的净跨 $l_{n1}=7400-300-300=6800mm$
　　　　　　　第二跨的净跨 $l_{n2}=5400-300-300=4800mm$

2. 确定梁端支座锚固长度

由框架结构三级抗震，框架梁混凝土强度等级 C30，框架梁采用 HRB400 的钢筋，钢筋直径为 25mm，保护层厚度为 20mm。查受拉钢筋抗震锚固长度表得：$l_{aE}=37d=37×25=925mm>$ 边柱 KL6 的截面尺寸 600mm，故梁钢筋不能采用直

159

锚形式，从而确定梁钢筋端支座的锚固方式采用弯锚。

（1）梁上部钢筋锚固在柱内的直段长度＝柱宽－柱混凝土保护层厚－柱箍筋－柱纵筋－钢筋净距＝600－20－10－20－25＝525mm ＞$0.4l_{abE}$＝$0.4\times37\times25$＝370mm。

弯折长度 $15d$＝15×25＝375mm。左右两个端支座一致。

（2）梁下部钢筋端支座锚固在柱内的直段长度＝上部钢筋的直段长度－上部钢筋直径－钢筋净距＝525－25－25＝475mm ＞$0.4l_{abE}$＝$0.4\times37\times25$＝370mm。

KL219第一跨梁下部钢筋为4Φ25，第二跨梁下部钢筋为4Φ22。

第一跨左端支座锚固弯钩长度为：$15d$＝15×25＝375mm。

第二跨右端支座锚固弯钩长度＝$15d$＝15×22＝330mm。

3. 框架梁 KL219 梁上部通长筋的连接

楼层框架梁上部钢筋的连接构造见图5-22，梁上部通长筋和非贯通筋直径相同时，可在跨中 $l_n/3$ 范围内连接，接头百分率不宜大于50%。

4. KL219 上部非贯通筋的截断

楼层框架梁上部钢筋的连接构造见图5-22。第一排钢筋的截断距支座 $l_n/3$ 处，第二排钢筋的截断点距支座 $l_n/4$ 处。

左端支座梁上部共配置4Φ25的钢筋，一排布置，其中2Φ25是通长筋，故非贯通筋为2Φ25，位于第一排，伸入跨内长度为 $l_{n1}/3$＝6800/3＝2267mm。

中间支座梁上部共配置4Φ25＋2Φ20的钢筋，分两排布置，第一排钢筋2Φ25是通长筋，非贯通筋为2Φ25；第二排2Φ20为非贯通筋。

第一排非贯通筋伸入跨内长度为 $l_n/3$，第二排非贯通筋伸入跨内长度为 $l_n/4$，l_n取相邻两跨的较大值。$l_n/3$＝6800/3＝2267mm，$l_n/4$＝6800/4＝1700mm。

右端支座梁上部共配置4Φ25的钢筋，一排布置，其中2Φ25是通长筋，故非贯通筋为2Φ25，位于第一排，伸入跨内长度为 $l_{n2}/3$＝4800/3＝1600mm。

5. KL219 下部钢筋中间支座直锚

楼层框架梁上部钢筋的连接构造见图5-22。

第一跨梁下部钢筋中间支座直锚长度 l_{aE}＝$37d$＝37×25＝925mm。

第二跨梁下部钢筋中间支座直锚长度 l_{aE}＝$37d$＝37×22＝814mm。

6. 箍筋加密区和非加密区

框架梁箍筋加密区范围依据抗震等级和梁高确定。详见图5-30。

依据框架结构三级抗震，KL219 梁高 h_b 为650mm，箍筋加密区取$\geqslant1.5h_b$且$\geqslant500$。$1.5h_b$＝1.5×650＝975$\geqslant500$。所以，箍筋加密区范围取975mm。

7. 梁侧构造钢筋

梁侧构造钢筋的要求如下：

当 $h_w\geqslant450$ 时，在梁的两个侧面应沿高度配置纵向构造钢筋，纵向构造钢筋间距 $a\leqslant200$mm。

梁侧构造钢筋的搭接与锚固长度可取 $15d$。

当梁宽≤350 时，拉筋直径为 6mm；梁宽＞350 时，拉筋直径为 8mm。拉筋间距为非加密区箍筋间距的 2 倍。当设有多排拉筋时，上下排拉筋竖向错开设置。

KL219 梁侧构造钢筋采用 4Φ12 的钢筋，伸入柱内的锚固长度为 $15d＝15×12＝180$mm。

KL219 的梁宽为 300＜350，故拉筋直径取 6mm。

KL219 的箍筋为Φ12@100/150（2），拉筋间距取箍筋非加密区间距的 2 倍，故拉筋间距为 300mm。

把以上计算成果整理在梁纵向剖面图上，同时依据 KL219 的平面注写内容，绘制相应的截面配筋图，如图 5-35 所示。

5.5.2 纵向受力钢筋长度的计算

此项拓展在梁纵剖的基础上，直观的就能看出纵向钢筋的长度，为建筑工程施工专业的钢筋下料计算和建筑工程预算专业的钢筋算量打下坚实的基础。

图 5-35 中 KL219 梁纵剖绘制完毕后，为方便钢筋计算，绘制所有纵筋的钢筋分离图，如图 5-36 所示。

① 号钢筋为上部通长筋，下料长度＝通跨净跨＋左端支座弯锚＋右端支座弯锚＝$7400＋5400－2×300＋（525＋375－2×25）×2＝13900$mm

② 号钢筋为第一跨端支座非贯通筋，下料长度＝$l_{n1}/3$＋左端支座弯锚＝$2267＋（525＋375－2×25）＝3117$mm

③ 号钢筋为中间支座第一排非贯通筋，下料长度＝柱宽＋$2×l_n/3＝600＋2×2267＝5134$mm

④ 号钢筋为中间支座第二排非贯通筋，下料长度＝柱宽＋$2×l_n/4＝600＋2×1700＝4000$mm

⑤ 号钢筋为第二跨端支座非贯通筋，下料长度＝$l_{n2}/3$＋右端支座弯锚＝$1600＋（525＋375－2×25）＝2450$mm

⑥ 号钢筋为第一跨构造钢筋，下料长度＝第一跨净跨＋两端锚固＝$6800＋2×180＝7160$mm

⑦ 号钢筋为第二跨构造钢筋，下料长度＝第二跨净跨＋两端锚固＝$4800＋2×180＝5160$mm

⑧ 号钢筋为第一跨梁下部钢筋，下料长度＝第一跨净跨＋左端支座弯锚＋中间支座直锚＝$6800＋（475＋375－2×25）＋925＝8525$mm

⑨ 号钢筋为第二跨梁下部钢筋，下料长度＝第二跨净跨＋中间支座直锚＋右端支座弯锚＝$4800＋814＋（475＋330－2×22）＝6375$mm

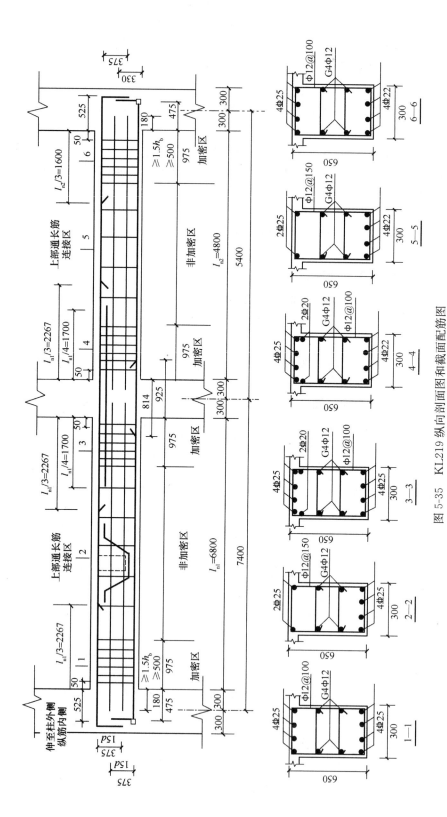

图 5-35 KL219 纵向剖面图和截面配筋图

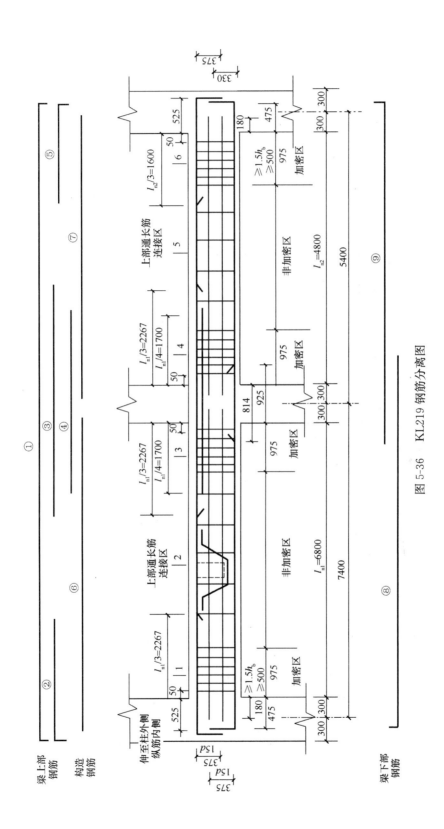

图5-36 KL219 钢筋分离图

任务实训 5　梁平法施工图集训

任务实训 5.1　依据图 5-37 完成填空。

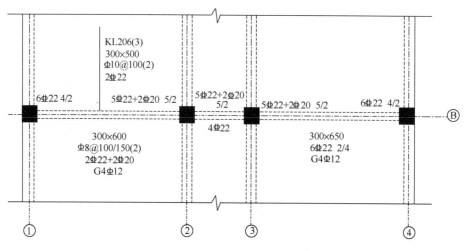

图 5-37　梁平法施工图（局部）

1.KL206 的跨数为_____，第一跨截面尺寸为_____，第二跨截面尺寸为_____，第三跨截面尺寸为_____，梁上部通长筋为_____。

2.①轴支座梁上部纵筋为_____，其中 4/2 表述钢筋分_____排布置，上排_____根，下排_____根；②轴支座左侧梁上部纵筋为_____，表明此处有_____根Φ22 和_____Φ20 的两种钢筋直径，5/2为_____。

3.KL206 第一跨的箍筋应采用_____，表明当集中标注和原位标注不一致时，_____优先取值。第一跨梁下部钢筋为_____，包括_____根Φ22_____根Φ20，____排布置。

4.KL206 的构造钢筋为_____，分别设置在第____跨和第____跨，第____跨没有构造钢筋。

5.KL206 第二跨梁上部贯通筋为_____，梁下部钢筋为_____，箍筋应采用____。是否有构造钢筋____。

6.KL206 第三跨跨中梁上部的钢筋为_____，梁下部的钢筋为_____，其中 2/4 表述钢筋分____排布置，上排____根，下排____根；箍筋应采用_____。

任务实训 5.2　完成图 5-38 中 KL8 的平面注写

【注写条件】截面尺寸：第一跨 300×700；第二跨 300×600。

箍筋：第一跨Φ10@100/200（2）；第二跨Φ8@100/150（2）。

梁上部纵筋：Φ20mm，其中通长筋为 2Φ20 的钢筋

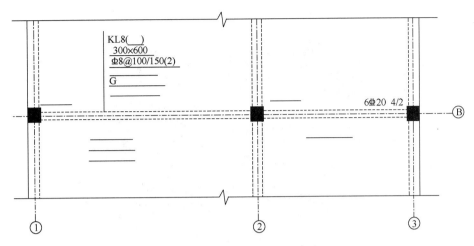

图 5-38 梁平法施工图注写任务

梁下部纵筋：第一跨梁下部纵筋直径 6⊈22mm，分两排布置，上排 2 根下排 4 根。第二跨梁下部纵筋为 5⊈22mm 的钢筋，一排布置。

构造钢筋：两跨均采用 4⊈12mm 的构造钢筋。

梁支座上部纵筋：①轴支座梁上部为 6⊈20mm 分两排布置，上排 4 根下排 2 根；②轴支座梁上部钢筋左右均为 5⊈20 的钢筋，一排布置。

梁顶标高差：−0.050。

任务实训 5.3　能力拓展

模拟施工，答辩考核。

1. 成立施工队：同前。

2. 任务布置，各队在 1 号商业楼梁平法施工图中任选一根框架梁（按自己组的学习情况选一跨、两跨、三跨均可）进行微模制作。

3. 知识准备：（1）熟读所选框架梁的平面注写内容。

（2）绘制梁纵剖和截面配筋图（每人一份，计入答辩成绩）。

（3）绘制框架梁纵向钢筋分离图，计算纵向钢筋的下料长度（每组一份，计入本组所有成员成绩）。

4. 材料准备：各队成员自行进行材料准备：铁丝若干（纵筋要粗一些，箍筋要细一些。建议规格：纵筋采用 16 号，箍筋采用 12 号）和彩色胶带若干（不同位置或不同级别的钢筋采用不同颜色以示区别），钳子（每组一把）、绑丝（扎带）若干。

5. 微模施工：采用翻转课堂的形式，各队成员利用业余时间组织微模施工，纵筋的下料长度按 1：10 的比例缩小进行制作。

6. 自查互查：微模成型后各队工长和技术负责组织自查互查，发现问题进行整改。

7. 辩前准备：各施工队在工长的组织下，由技术负责对照图纸和微模，对本组成员进行辩前辅导，答辩问题包括集中标注、原位标注和钢筋构造。要求所有同学必须完成基本识图知识的学习。

图 5-39　技术负责对照微模进行辩前辅导

8. 现场答辩：分施工队进行，采用每人必答的方式，分数由微模分数（工长和技术负责给出）＋图纸分数＋个人答辩分数组成，给出阶段性成绩。

板平法施工图识读

【任务描述】

通过本任务的学习，学生能够：

（1）熟悉有梁楼盖的类型及构造。

（2）熟练识读有梁楼盖板平法施工图。

（3）熟练应用《混凝土结构施工图平面整体表示方法制图规则和构造详图（现浇混凝土框架、剪力墙、梁、板）》16G101-1 平法图集和结构规范解决实际工程问题。

（4）熟悉无梁楼盖板平法施工图。

6.1　知识准备

楼盖：在房屋楼层间用以承受各种楼面作用的楼板、次梁和主梁等所组成的部件总称。

6.1.1　钢筋混凝土楼盖的类型与构造

根据施工方法的不同，钢筋混凝土楼盖分为现浇整体式楼盖、装配式楼盖和装配整体式楼盖。

钢筋混凝土现浇整体式楼盖根据是否有梁支承，可分为无梁楼盖和有梁楼盖。有梁楼盖根据结构形式，可分为：肋形楼盖、密肋楼盖、井式楼盖等，如图 6-1 所示。

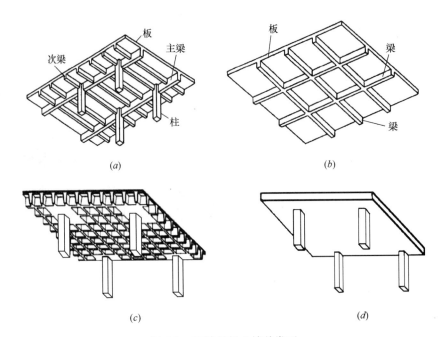

图 6-1　钢筋混凝土楼盖类型
（a）肋形楼盖；（b）井式楼盖；（c）密肋楼盖；（d）无梁楼盖

1. 肋形楼盖

由多根钢筋混凝土梁和板整体浇筑而成的楼盖，因其形似肋条，故称肋形板或肋形楼盖，如图 6-2 所示。

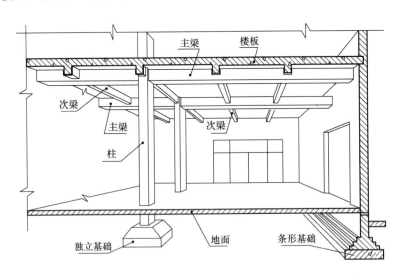

图 6-2　肋形楼盖示意图

根据受力不同，现浇钢筋混凝土肋形楼盖可分为单向板肋形楼盖和双向板肋形楼盖。

（1）单向板肋形楼盖

单向板：两对边支承的板或四边支承的板，板的长边 l_2 与短边 l_1 的长度之比 $l_2/l_1 \geqslant 3$。

板内钢筋设置：应沿短边方向进行受弯计算，设置受力钢筋，并沿长边方向布置分布钢筋，如图 6-3（a）所示。

单向板肋形楼盖：由单向板、次梁和主梁组成的楼盖。

传力途径：板上荷载传给次梁，次梁再传给主梁，主梁传给柱或墙，如图 6-2 所示。

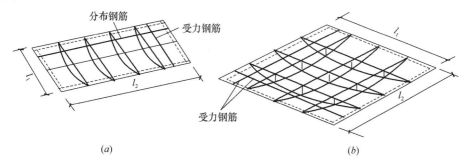

图 6-3　肋形楼板受弯及钢筋配置示意图

（a）单向板受弯及钢筋配置示意图；（b）双向板受弯及钢筋配置示意图

（2）双向板肋形楼盖

双向板：对于四边支承的板，长边 l_2 与短边 l_1 的长度之比 $l_2/l_1 \leqslant 2$ 时，应按双向板计算。

按规范，当长边与短边长度比值大于 2.0，但小于 3.0 时，宜按双向板计算。

板内钢筋设置：应沿双向进行受弯计算，双向均设置受力钢筋，短边方向的受力筋放在外侧，如图 6-3（b）所示。

双向板肋形楼盖：由双向板和梁组成的楼盖。

传力途径：板上荷载传给梁，梁传给柱或墙。

2. 密肋楼盖

密肋楼盖是由薄板和间距较小（≤1.5 m）的肋梁组成，适用于跨度大而梁高受限的情况，如图 6-1（c）所示。

3. 井式楼盖

井式楼盖的主要特点是两个方向梁的高度相等，而且同位相交，梁布置成井字形，两个方向的梁不分主梁和次梁，共同直接承受板传来的荷载，板为双向板，如图 6-4 所示。

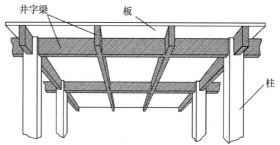

图 6-4　井式楼盖示意图

图 6-5　现浇钢筋混凝土楼板受力情况

6.1.2　现浇钢筋混凝土板的配筋

现浇钢筋混凝土楼板的受力情况如图 6-5 所示。跨中板下部为受拉区，需设置受力钢筋；支座处板上部为受拉区，也需设置受力钢筋。

1. 板下部钢筋

（1）现浇钢筋混凝土单向板的受力情况和配筋如图 6-3（a）所示；板下部短边方向设置受力钢筋，长边方向设置分布钢筋，如图 6-6 所示。

（2）现浇钢筋混凝土双向板的受力情况和配筋如图 6-3（b）所示；板下部双向均设置受力钢筋，如图 6-7 所示。

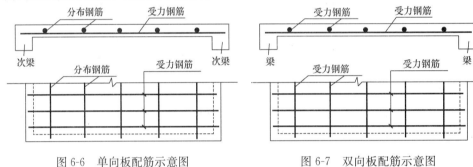

图 6-6　单向板配筋示意图　　　　图 6-7　双向板配筋示意图

（3）板下部钢筋类型

1）受力钢筋

位置：布置在板的受拉区外侧。

单向板，沿短跨方向设置受力钢筋；双向板，两个方向均设置受力钢筋，短跨方向的受力筋放在外侧。

作用：主要承受弯矩产生的拉力。

间距：板厚不大于 150mm 时，间距不大于 200mm；板厚大于 150mm 时，间距不宜大于 1.5 倍板厚，且不宜大于 250mm。

直径：一般取 6～12mm。

2）分布钢筋

分布钢筋用于单向板。

位置：分布筋垂直受力筋，布置在受力筋内侧。

作用：将板上的荷载均匀传给受力筋，固定受力筋的位置，同时抵抗混凝土的收缩与温度变化引起的裂缝。

直径：分布筋直径不宜小于 6mm。

间距：不宜大于 250mm。当有集中荷载时，间距不宜大于 200mm。

数量：配筋数量不小于受力筋的 15%，配筋率不宜小于 0.15%。

无论是单向板还是双向板，板下部的钢筋是由两个方向的钢筋所组成。如图 6-8 所示。

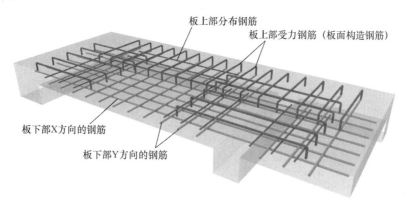

图 6-8　钢筋混凝土楼板配筋示意图

2. 板上部钢筋

（1）受力钢筋（或板面构造钢筋）

钢筋混凝土板以梁（或墙）为支座，支座处的板上部为受拉区，垂直于支座需设置受力钢筋，如图 6-5 所示。按简支边或非受力边设计的现浇混凝土板，应垂直于砌体墙或单向板的主梁设置板面构造钢筋，如图 6-8 所示。

（2）分布钢筋

受力钢筋（或板面构造钢筋）内侧，需设置分布钢筋形成钢筋网片，如图 6-8 所示。

板内钢筋设置动画

（3）在温度、收缩应力较大的现浇板区域，应在板的表面双向配置防裂构造钢筋，配筋率不宜小于 0.10%，间距不宜大于 200mm。

6.2　有梁楼盖板平法施工图注写方式

6.2.1　有梁楼盖平法施工图的表示方法

1. 有梁楼盖的平面布置图

应分别按板的不同结构层（标准层）将全部板和与其相关联的柱、墙、梁一起采用适当比例绘制。为了表明梁板的布置，可见的梁和墙体轮廓线用实线表示，不可见的梁和墙体轮廓线用虚线表示，如图 6-9 所示。

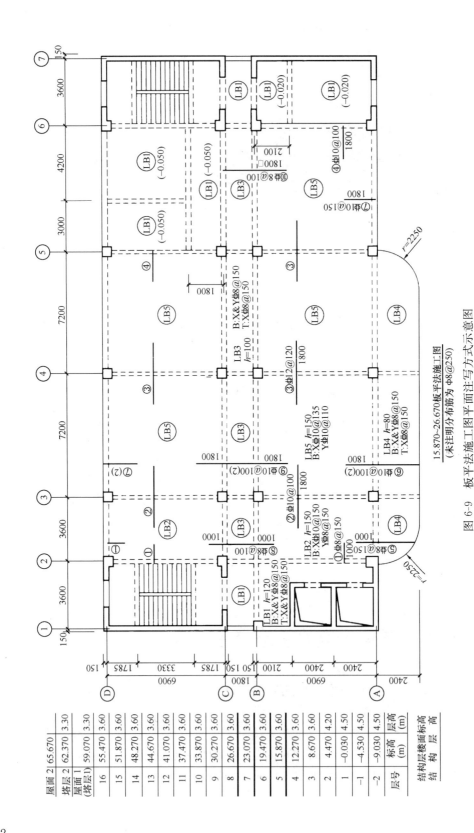

图 6-9 板平法施工图平面注写方式示意图

2. 有梁楼盖的制图规则

有梁楼盖平法施工图，系在楼面板与屋面板布置图上，采用平面注写的表达方式。板的平面注写主要包括板块的集中标注和板支座的原位标注两部分内容。

3. 板平法施工图坐标方向规定

（1）当两向轴网正交布置时，图面从左至右为 X 向，自下至上为 Y 向。

（2）当轴网转折时，局部坐标方向顺轴网转折角度做相应转折。

（3）当轴网向心布置时，切向为 X 向，径向为 Y 向。

4. 板块的划分

板平法施工图注写的最小单元为板块，对于普通楼面，两向均以一跨为一个板块；对于密肋楼盖，两向主梁（框架梁）均以一跨为一板块。所有板块均应逐一编号，相同编号的板块可择其一做集中标注。

6.2.2　有梁楼盖平法施工图识读

有梁楼盖板的平面注写方式主要包括板块集中标注和板支座原位标注两部分，如图 6-10 所示。

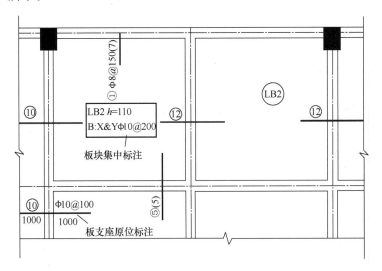

图 6-10　板块集中标注与板支座原位标注

1. 板块集中标注

板块集中标注的内容为：板块编号、板厚、上部贯通纵筋、下部纵筋以及当板面标高不同时的标高高差。

（1）板块编号

板块编号由代号和序号组成，常用的板块编号应符合表 6-1 规定。同一编号的板块类型、板厚和贯通纵筋均应相同，但板面标高、平面形状以及板支座上部的非贯通筋可以不同。

板块编号		表 6-1
板类型	代号	序号
楼面板	LB	××
屋面板	WB	××
悬挑板	XB	××

（2）板厚

等厚度板，注写为 $h=×××$。悬挑板，注写为 $h=×××/×××$，斜线前为根部厚度，斜线后为端部厚度。

【例 6-1】图 6-10 所示 LB2　$h=110$，表示 2 号楼面板，板厚 110mm。

（3）纵筋

纵筋按照板块下部纵筋和上部贯通纵筋分别注写，注写规定如下：

B 代表下部纵筋：X 方向（从左至右）和 Y 方向（从下至上）两个方向的配筋。

T 代表上部贯通纵筋：X 方向（从左至右）和 Y 方向（从下至上）两个方向的配筋。当板块上部不设贯通纵筋可不注。

B&T 代表上部与下部贯通纵筋配置相同。

X&Y 代表 X 向和 Y 向两向纵筋配置相同。

【例 6-2】WB3　$h=120$。

T：　XΦ10@100；YΦ8@150

B：　XΦ12@100；YΦ10@160

表示 3 号屋面板，厚度为 120mm。板上部配置的 X 方向的贯通纵筋为Φ10@100；Y 方向的贯通纵筋为Φ8@150。板下部配置的 X 方向的贯通纵筋为Φ12@100；Y 方向的贯通纵筋为Φ10@160。

【例 6-3】图 6-10 所示：LB2　$h=110$。B：X&Yϕ10@200。

表示 2 号楼面板，厚度为 110mm。板上部未配置贯通纵筋。板下部配置的 X 方向和 Y 方向的贯通纵筋均为ϕ10@200。

1）当为单向板时，分布筋可不必注写，而在图中统一注明。

【例 6-4】LB5　$h=100$。B：　XΦ12@100。

表示 5 号楼面板，厚度为 100mm。板上部未配置贯通纵筋。板下部 X 方向设置Φ12@100 的纵筋，Y 方向设置分布钢筋（具体数值见说明）。

2）当某些板内（例如在悬挑板的下部）配置有构造钢筋时，则 X 向以 X$_c$，Y 向以 Y$_c$开头注写。

【例 6-5】XB2　$h=100/80$。B：　Xcϕ10@100；　Ycϕ8@150。

表示 2 号悬挑板，板根部厚 100mm，板端部厚 80mm，板下部配置有构造钢筋，X 方向的构造钢筋为ϕ10@100；Y 方向的构造钢筋为ϕ8@150（上部受力钢筋见板支座的原位标注）。

3）当纵筋采用两种规格"隔一布一"时，表达方式为ϕxx/yy@×××。

【例 6-6】LB6 $h=110$。B： X Φ 10@110； Y Φ 10/12@100。

表示 6 号楼面板，板厚 110mm，板下部 X 方向配置 Φ 10@110 的纵筋，Y 方向配置为 Φ 10 和 Φ 12 隔一布一，Φ 10 和 Φ 12 之间的间距为 100 的纵筋，如图 6-11 所示。

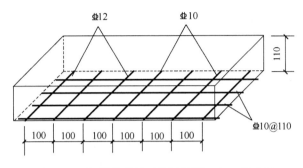

图 6-11 板纵筋采用两种规格隔一布一示意图

4）当 Y 向采用放射配筋时（切向为 X 向，径向为 Y 向），设计者应注明配筋间距的定位尺寸。

（4）板面标高高差，是指相对于结构层楼面标高的高差，应将其标注在括号内，以 m 为单位。且有高差则注，无高差则不注。

2. 板支座原位标注

板支座原位标注的内容为：板支座上部非贯通纵筋和悬挑板上部受力纵筋。

（1）板支座上部非贯通纵筋

1）标注位置：在配置相同跨的第一跨表达（当在梁悬挑部位单独配置时则在原位表达）。

2）表达方式：在配置相同跨的第一跨（或梁悬挑部位）垂直于板支座（梁或墙），绘制一段适宜长度的中粗实线段，代表支座上部非贯通筋，并注写以下内容：

① 在线段上方注写编号、配筋值、横向布置的跨数（注写在括号内，且当为一跨时可不注），以及是否横向布置到梁的悬挑端，（xxA）为横向布置到一侧悬挑端，（xxB）为横向布置到两侧悬挑端。

② 在虚线下注写上部非贯通筋自支座中线向两边跨内的伸出长度。

A. 两侧对称伸出，只注一侧。

【例 6-7】图 6-12 的①号非贯通筋，采用 Φ 12 的钢筋每隔 120mm 布置一根，从下往上连续布置四跨，自支座中线向两侧跨内的伸出长度均为 1800mm。

B. 两侧不对称伸出，分别注写。

【例 6-8】图 6-12 的②号非贯通筋，采用 Φ 12 的钢筋每隔 120mm 布置一根，自支座中线向左侧跨内的伸出长度为 1800mm，向右侧跨内的伸出长度为 1400mm。

C. 当上部钢筋通长设置在悬挑板或短跨板的上部时，贯通全跨或伸出至全悬挑一侧长度值不注，只注明非贯通筋另一侧的伸出长度值。

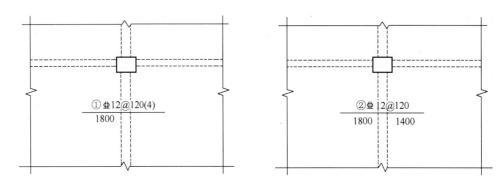

图 6-12　板支座上部非贯通筋对称与非对称钢筋伸出标注示意

【例 6-9】 图 6-13 的⑩号非贯通筋，采用 Φ 8@100 的钢筋，自支座中线向上侧贯通短跨 LB3 长度值不注。自支座中线向下侧的伸出长度为 1800mm。

【例 6-10】 图 6-13 的⑥号非贯通筋，采用 Φ 10@100 的钢筋，由左向右布置两跨，自支座中线向下侧伸出至悬挑端，长度值不注。自支座中线向上侧的伸出长度为 1800mm。

（2）悬挑板上部受力纵筋

标注方法与板支座上部非贯通筋相同，如图 6-9 中⑤号和⑥号非贯通筋所示。

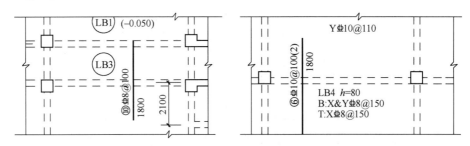

图 6-13　板支座上部非贯通筋贯通全跨或伸出至悬挑端示意

（3）当支座为弧形，支座上部非贯通纵筋呈放射分布时，设计者应注明配筋间距的度量位置并加注"放射分布"四个字，必要时应补绘平面配筋图，如图 6-14 所示。

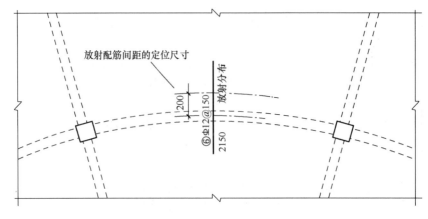

图 6-14　弧形支座处放射配筋标注

（4）当板带上部已经配有贯通纵筋，但需增加配置板带上部非贯通纵筋时，应结合已配同向贯通纵筋的直径与间距，采取"隔一布一"的方式配置，如图6-15所示。

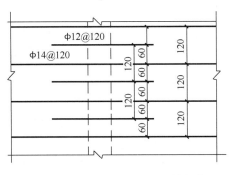

图 6-15　"隔一布一"的配筋方式

6.3　有梁楼盖板平法施工图构造详图解读

6.3.1　板在端部支座的锚固构造

1. 板端部支座为梁的锚固构造

板端支座为梁的锚固如图6-16所示。

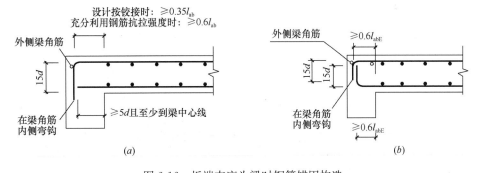

图 6-16　板端支座为梁时钢筋锚固构造

（a）普通楼屋面板；（b）用于梁板式转换层的楼面板

注：1. 图中"设计按铰接时""充分利用钢筋抗拉强度时"由设计指定。

　　2. 梁板式转换层的板中 l_{abE}、l_{aE} 按抗震等级四级取值，设计也可根据实际工程情况另行指定。

1）普通楼屋面板

① 板下部纵筋，采用直锚方式，直锚长度 $\geqslant 5d$ 且至少到梁中线。

② 板上部纵筋，采用弯锚方式，伸至梁角筋内侧弯折，弯折长度为 $15d$。伸入支座水平长度：设计按铰接时 $\geqslant 0.35l_{ab}$；充分利用钢筋抗拉强度时 $\geqslant 0.6l_{ab}$。

2）板端部支座用于梁板式转换层的楼面板，板上下部纵筋均采用弯锚方式。

① 板上部纵筋，伸至梁角筋内侧向下弯折，弯折长度为 $15d$。伸入支座水平长度 $\geqslant 0.6l_{abE}$。

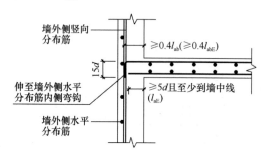

图 6-17 板端支座为剪力墙的中间层钢筋锚固构造

② 板下部纵筋，在上部弯折纵筋内侧弯折，弯折长度不小于 $15d$。伸入支座水平长度 $\geqslant 0.6l_{abE}$。

2. 板端部支座为剪力墙的锚固构造

1）端部支座为剪力墙中间层的锚固构造如图 6-17 所示。

① 板上部纵筋，采用弯锚方式，伸至墙外侧水平分布筋内侧向下弯折，弯折长度为 $15d$。伸入支座水平长度 $\geqslant 0.4l_{ab}$。

② 板下部纵筋，采用直锚方式，直锚长度 $\geqslant 5d$，且至少到墙中线。

③ 图中括号内的数值用于梁板式转换层的板，当板下部纵筋直锚长度不足时可弯锚，弯折长度不小于 $15d$。

2）板端部支座为剪力墙墙顶的锚固构造如图 6-18 所示。

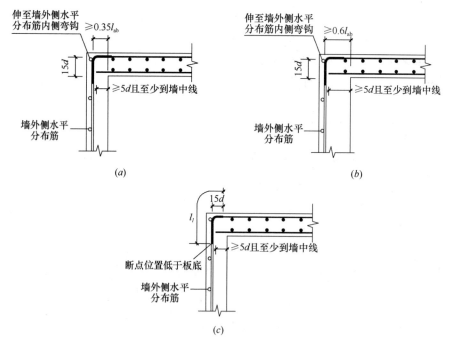

图 6-18 板端支座为剪力墙的墙顶钢筋锚固构造

（a）板端按铰接设计时；（b）板端上部纵筋按充分利用钢筋的抗拉强度时；（c）搭接连接

注：1. 板端支座为剪力墙墙顶时，图（a）、（b）、（c）做法由设计指定。

2. 板在端支座的锚固构造中，钢筋在端支座应伸至墙外侧水平分布筋内侧后弯折 $15d$，当平直段长度分别 $\geqslant l_a$ 或 $\geqslant l_{aE}$ 时可不弯折。

3. 梁板式转换层的板中 l_{abE}、l_{aE} 按抗震等级四级取值，设计也可根据实际工程情况另行指定。

① 板上部纵筋，采用弯锚方式，伸至墙外侧水平分布筋内侧向下弯折，弯折长度为 $15d$。伸入支座水平长度：按铰接设计时 $\geqslant 0.35l_{ab}$；充分利用钢筋的抗拉强度时 $\geqslant 0.6l_{ab}$。

② 板下部纵筋，采用直锚方式，直锚长度 $\geqslant 5d$，且至少到墙中线。

③ 当墙外侧竖向分布筋与板上部纵筋采用搭接连接时，此时板的上部纵筋伸至剪力墙外侧水平分布筋内侧向下弯折，与墙身外侧竖向分布钢筋的搭接长度为 l_l，且断点位置低于板底。板下部钢筋仍采用直锚方式，直锚长度 $\geqslant 5d$，且至少到墙中线。

6.3.2 板贯通纵筋的连接构造

有梁楼盖楼面板和屋面板贯通筋的连接构造，如图 6-19 所示。起步筋位置距梁边 1/2 板筋间距。

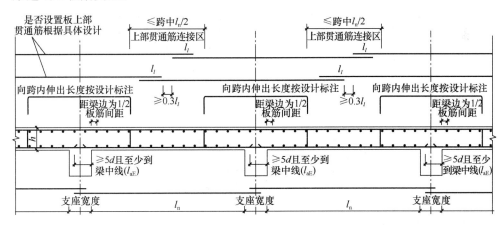

图 6-19 有梁楼盖板和屋面板钢筋构造

（注：括号内的锚固长度 l_{aE} 用于梁板式转换层的板）

1. 板上部贯通筋

（1）连接区在跨中 $\leqslant l_n/2$ 范围内，采用绑扎搭接时，钢筋绑扎搭接长度为 l_l，两个搭接区段净距 $\geqslant 0.3l_l$；亦可采用机械连接或焊接连接。

（2）当相邻的上部贯通纵筋配置不同时，应将其配置较大者越过其标注的跨数终点或起点，伸至其相邻跨的跨中连接区域连接。

（3）上部贯通筋在同一连接区段内钢筋接头百分率不宜大于 50%。

2. 板下部纵筋

（1）采用绑扎搭接时，需要连接的板下部钢筋伸入支座直锚，直锚长度 $\geqslant 5d$，且至少到梁中心线。

（2）当板纵筋采用机械连接或焊接连接时，板下部钢筋的连接区宜在距支座 1/4 净跨内，接头百分率不宜大于 50%。

3. 板支座负筋

向跨内伸出长度按设计标注，弯折长度＝板厚－2×保护层厚度。

4. 不等跨板上部贯通纵筋连接构造如图 6-20 所示。

（1）不等跨板上部贯通筋的连接位置及连接要求与等跨板一致。

（2）l'_{nx} 与 l'_{ny} 为相邻两跨较大一跨的净跨值。

（3）当钢筋足够长时短跨的上部贯通筋能通则通，满足相应连接要求亦可进行连接。

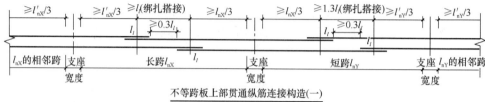

不等跨板上部贯通纵筋连接构造(一)

（短跨满足两批连接要求时）

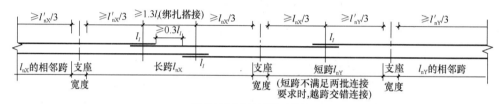

不等跨板上部贯通纵筋连接构造(二)

（某短跨满足连接要求且不满足两批连接要求时）

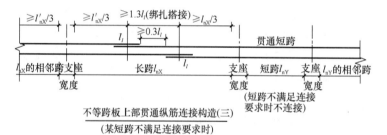

不等跨板上部贯通纵筋连接构造(三)

（某短跨不满足连接要求时）

图 6-20　不等跨板上部贯通纵筋连接构造

6.3.3　悬挑板 XB 钢筋构造

悬挑板是工程结构中常见的结构形式之一，如建筑工程中的雨篷、挑檐、外阳台、挑廊等，这种结构是从主体结构悬挑出板，形成悬臂结构。其受力筋设置在板的上部，分布钢筋设置在受力筋之下，由于悬挑的根部与端部承受弯矩不同，悬挑板的端部厚度比根部厚度要小些，如图 6-21 所示。

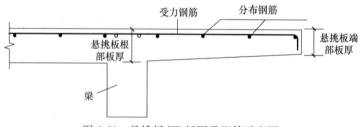

图 6-21　悬挑板 XB 板厚及配筋示意图

悬挑板 XB 的钢筋构造如图 6-22 所示。

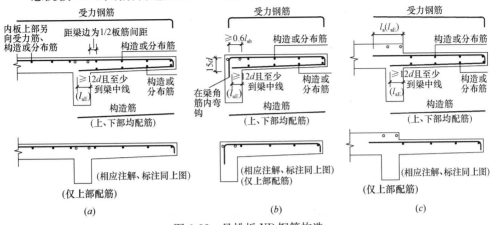

图 6-22 悬挑板 XB 钢筋构造
(a) 延伸悬挑板；(b) 纯悬挑板；(c) 楼板与悬桃板板顶标高不同时
(括号内的数值用于需考虑竖向地震作用时，由设计明确)

1. 悬挑板上部钢筋

悬挑板上部垂直于支撑梁的方向设置受力钢筋，另一方向设置分布钢筋。

(1) 延伸悬挑板上部的受力钢筋是板支座上部钢筋延伸而出，至端部留保护层向下弯折，弯至板底留保护层截断。

(2) 纯悬挑板上部钢筋采用弯锚方式，伸至梁角筋内侧弯折，弯折长度为 $15d$。伸入支座水平长度 $\geqslant 0.6l_{ab}$，端部处理同延伸悬挑板。

(3) 当悬挑板顶面标高低于楼板顶面标高时，悬挑板上部受力钢筋在梁内直锚，直锚长度 $\geqslant l_a$（l_{aE}）。

2. 悬挑板下部钢筋

为抵抗温度应力需要在悬挑板下部配置构造钢筋时，板下部构造钢筋在支座内直锚，直锚长度 $\geqslant 12d$ 且至少到梁中心线。

6.3.4 折板配筋构造

折板钢筋构造如图 6-23 所示，为防止构件破坏，钢筋严禁出现内折角，出现内折角情况时钢筋分开设置，在交点处互锚，锚固长度 $\geqslant l_a$。

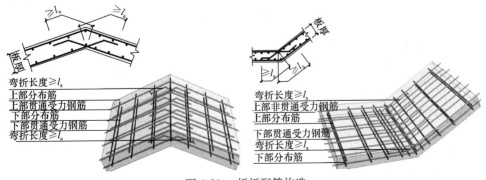

图 6-23 折板配筋构造

181

6.3.5 常见楼板相关构造类型及表示方法

楼板相关构造的平法施工图设计，系在板平法施工图上采用直接引注方式进行表达。其编号见表6-2。

楼板相关构造类型及编号 表6-2

构造类型	代号	序号	说　明
纵筋加强带	JQD	××	以单向加强纵筋取代原位置配筋
后浇带	HJD	××	有不同的留筋方式
板开洞	BD	××	最大边长或直径<1m，加强筋长度有全跨贯通和自洞边锚固两种
板翻边	FB	××	翻边高度≤300
角部加强筋	Crs	××	以上部双向非贯通加强筋取代原位置的非贯通配筋
悬挑板阳角放射筋	Ces	××	板悬挑阳角上部放射筋

1. 纵筋加强带 JQD

纵筋加强带的平面形状及定位由平面布置图表达，加强带配置的加强贯通纵筋等由引注内容表达，以加强贯通纵筋取代所在位置板中原配置的同向贯通纵筋，如图6-24所示。

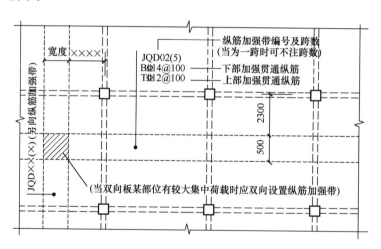

图6-24 纵筋加强带JQD引注图示

2. 后浇带 HJD

后浇带的平面形状及定位由平面布置图表达，后浇带引注内容如下：

（1）后浇带的编号及留筋方式，后浇带的编号见表6-2。留筋方式：贯通和100%搭接两种。

（2）后浇混凝土的强度等级C35，宜采用补偿收缩混凝土，设计应注明相关施工要求。后浇带的引注如图6-25所示。

（3）板后浇带的钢筋构造如图6-26所示。

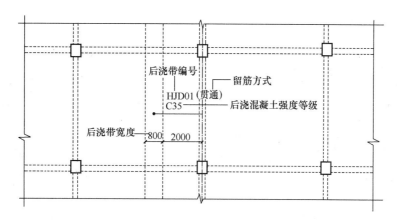

图 6-25 后浇带 HJD 引注图示

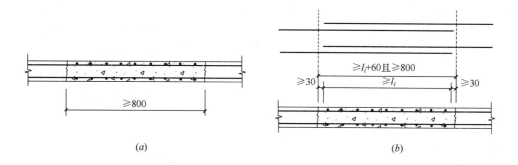

图 6-26 后浇带 HJD 钢筋构造

（a）板后浇带 HJD 贯通钢筋构造；（b）板后浇带 HJD100％搭接钢筋构造

3. 板开洞 BD

板开洞的平面形状及定位由平面布置图表达，开洞的编号及几何尺寸等由引注内容表达，如图 6-27 所示。

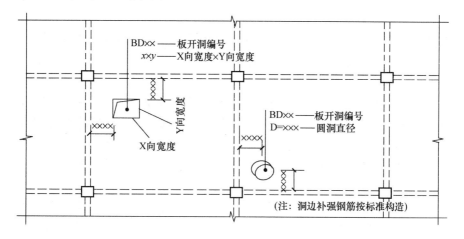

图 6-27 板开洞 BD 引注图示

【**例 6-11**】 BD05 500×600，表示 5 号矩形洞，X 向洞口宽度为 500mm，Y 向洞口宽度为 600mm。

板开洞（洞边无集中荷载）的钢筋构造有两种情况：

（1）矩形洞边长和圆形洞直径不大于 300mm 时钢筋构造如图 6-28 所示。

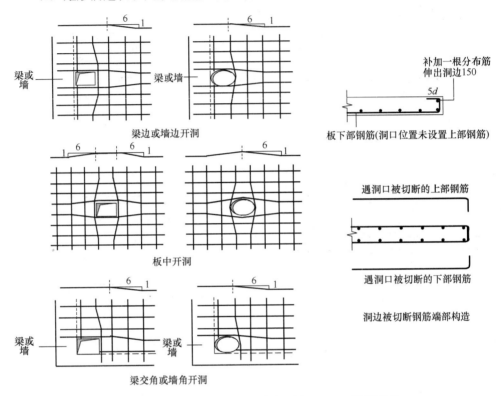

梁边或墙边开洞

板中开洞

梁交角或墙角开洞

补加一根分布筋
伸出洞边150

5d

板下部钢筋(洞口位置未设置上部钢筋)

遇洞口被切断的上部钢筋

遇洞口被切断的下部钢筋

洞边被切断钢筋端部构造

图 6-28 矩形洞边长和圆形洞直径不大于 300 时钢筋构造

处理原则：板钢筋遇洞口绕开，斜率≤1/6，洞口靠近梁（墙）边不能绕开的钢筋做端部构造后截断。

（2）矩形洞边长和圆形洞直径大于 300 但不大于 1000 时补强钢筋构造如图 6-29所示。

注意：

1）补强筋数量：补强钢筋的规格、数量、长度按设计注写。当设计没有注写时，X 向、Y 向分别按每边配置两根不小于 12mm 且不小于被切断纵向钢筋总面积的 50% 补强。

2）补强筋的位置：补强钢筋与被切断钢筋布置在同一层面，两根补强钢筋的净距为 30mm。

3）如为圆形洞口，洞口上下各配置一根直径不小于 10mm 环向补强钢筋，环向补强钢筋的搭接长度为 $1.2l_a$。

4）补强钢筋的强度与被截断钢筋相同。

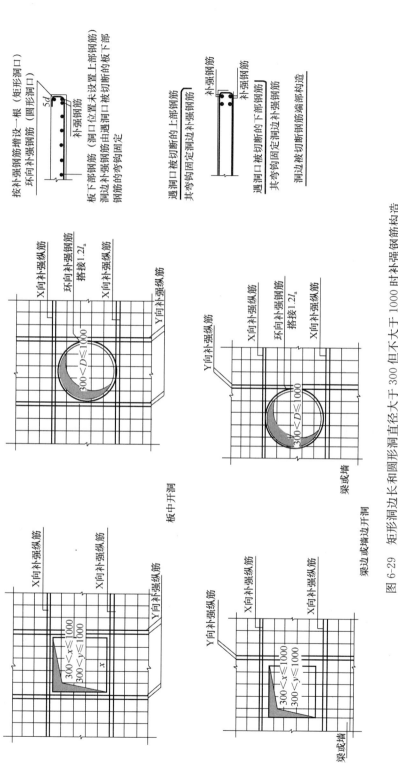

图 6-29　矩形洞边和圆形洞直径大于 300 但不大于 1000 时补强钢筋构造

5）补强钢筋伸入支座的锚固方式同板中钢筋，当不伸入支座时，设计应标注。

4. 板翻边 FB

板翻边可分为上翻边和下翻边，其形式及引注方法如图 6-30 所示。

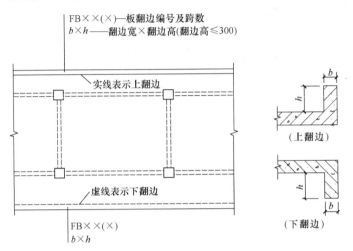

图 6-30　板翻边形式及表示方法

板翻边 FB 钢筋构造如图 6-31 所示。

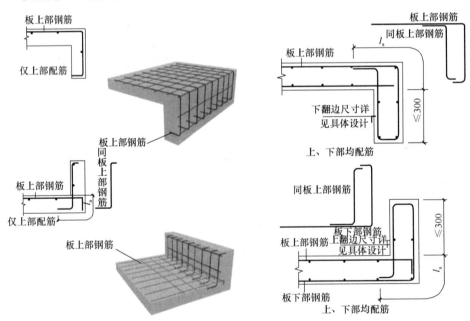

图 6-31　板翻边 FB 构造

5. 角部加强筋 Crs

角部加强筋 Crs 通常用于板块角区的上部，根据规范规定的受力要求选择配置，在其分布范围内取代原配置的板支座上部非贯通筋，且当其分布范围内配有板上部贯通纵筋时则间隔布置，其引注方式如图 6-32 所示。

6. 悬挑板阳角放射筋 Ces

悬挑板阳角放射筋一般布置在屋面板挑出部分的四个角处，呈放射状布置。这类区域容易产生应力集中，造成混凝土开裂。

悬挑板阳角放射筋 Ces 注写的引注方式如图 6-33 所示。

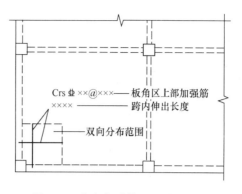

图 6-32　角部加强筋 Crs 引注图示

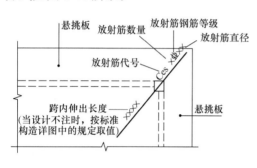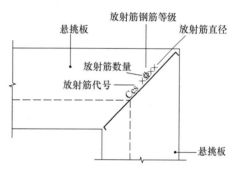

图 6-33　悬挑板阳角放射筋 Ces 引注图示

【**例 6-12**】某放射筋注写 Ces7 ⊈ 8　850。表示该悬挑板阳角布置 7 根 HRB400 级，直径为 8mm 的钢筋，跨内的伸出长度为 850mm。其钢筋排布如图 6-34 所示，其中 $a \leqslant 200mm$。

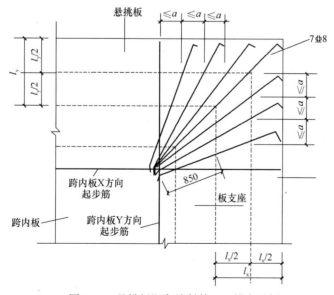

图 6-34　悬挑板阳角放射筋 Ces 排布示例

悬挑板阳角放射筋 Ces 构造如图 6-35 所示。

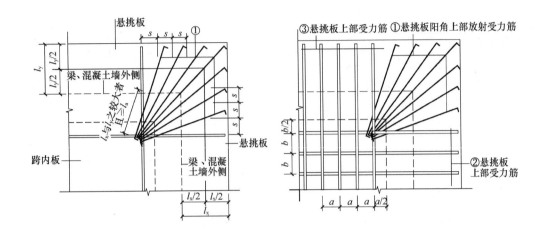

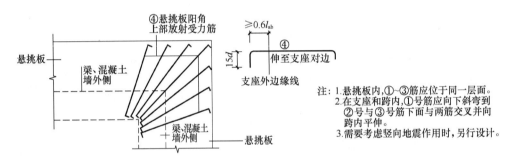

注：1.悬挑板内,①~③筋应位于同一层面。
　　2.在支座和跨内,①号筋应向下斜弯到②号与③号筋下面与两筋交叉并向跨内平伸。
　　3.需要考虑竖向地震作用时,另行设计。

图 6-35　悬挑板阳角放射筋 Ces 构造
（本图未表示构造筋或分布筋）

6.4　知识拓展

无梁楼盖板平法施工图，系在楼面板和屋面板的平面布置图上，采用平面注写的表达方式。板平面注写主要有板带集中标注、板带支座原位标注两部分内容。

1. 板带集中标注

注写规则：应在板带贯通纵筋配置相同的第一跨（X 向为左端跨，Y 向为下端跨）注写。

注写内容：板带编号、板带厚及板带宽、贯通纵筋。

（1）板带编号：按表 6-3 的规定。

板带编号				表 6-3
板带类型	代号	序号	跨数及有无悬挑	
柱上板带	ZSB	××	（××）、（××A）或（××B）	
跨中板带	KZB	××	（××）、（××A）或（××B）	

注：1. 跨数按柱网轴线计算（两相邻柱轴线之间为一跨）。

2. （××A）为一端有悬挑，（××B）为两端有悬挑，悬挑不计入跨数。

【例 6-13】 如图 6-36 所示，ZSB01（2B）表示 1 号柱上板带，2 跨，两端悬挑。

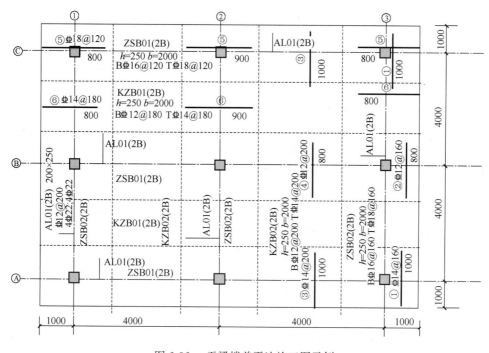

图 6-36　无梁楼盖平法施工图示例

（2）板带厚及板带宽：板带厚注写为 $h=\times\times\times$，板带宽注写为 $b=\times\times\times$。

【例 6-14】 如图 6-36 所示，ZSB01（2B）$h=250$　$b=2000$，表示 ZSB01（2B），板带厚度为 250mm，板带宽度为 2000mm。

（3）贯通纵筋：按板带下部和板带上部分别注写，并以 B 代表下部，以 T 代表上部，B&T 代表下部和上部。

【例 6-15】 如图 6-36 所示，ZSB02（2B）$h=250$　$b=2000$，B Φ16@160 T Φ18@160。

表示 2 号柱上板带，2 跨两端悬挑；板带厚 250mm，宽 2000mm；板带配置贯通纵筋：下部为 Φ16@160，上部为 Φ18@160。

设计和施工应注意：相邻等跨板带上部贯通纵筋应在跨中 1/3 净跨长范围内连接。

2. 板带支座原位标注

（1）标注内容

板带支座上部非贯通纵筋。

（2）标注方法

1）以一段与板带同向的中粗实线来代表板带支座上部非贯通纵筋；对柱上板带：实线段贯穿柱上区域绘制；对跨中板带：实线段横贯柱网轴线绘制。

2）在线段上方注写钢筋编号、配筋值，在线段下方注写自支座中线向两侧跨内的延伸长度。

① 当板带支座非贯通纵筋自支座中线向两侧对称时，可仅在一侧标注。

② 在有悬挑端的边柱上时，该筋延伸到悬挑尽端，设计不注。

③ 当支座上部非贯通纵筋呈放射分布时，设计者应注明配筋间距的度量位置。

④ 当板带上部已经配有贯通纵筋，但需增加配置板带支座上部非贯通纵筋时，应结合已配同向贯通纵筋的直径与间距，采取"隔一布一"的方式。

【例 6-16】 图 6-36 中 KZB02 上，④号非贯通筋，表示板带支座上部④号非贯通纵筋为 Φ12@200，自支座中线向两侧跨内的延伸长度均为 800mm。板带在该位置上部贯通钢筋为 Φ14@200，故该处实际配置的上部纵筋为 Φ12/14@100。

3. 暗梁的图示方法与识读

注写内容：包括暗梁集中标注、暗梁支座原位标注。

图示方法：施工图中，在柱轴线处画中粗虚线表示暗梁。

（1）暗梁集中标注

暗梁的集中标注包括：暗梁编号、暗梁截面尺寸（箍筋外皮宽度×板厚）、暗梁箍筋、暗梁上部通长筋或架立筋。

【例 6-17】 AL01（2B）200×250　Φ12@200（2）4Φ22；4Φ22

表示 1 号暗梁，2 跨两端悬挑，截面尺寸为暗梁宽 200mm，暗梁高 250mm。箍筋为 HRB400 级钢筋，直径 12mm，间距为 200mm 双肢箍，上部贯通筋为 4Φ22，下部贯通筋为 4Φ22。

（2）暗梁支座原位标注

标注内容：梁上部纵筋、梁下部纵筋。

标注方法：同钢筋混凝土梁。

任务实训 6　有梁楼盖板平法施工图集训

任务实训 6.1　依据图 6-37，完成填空。

1.B304 的集中标注中，板厚为 _____，板下部 X 向贯通筋为 _____，板下部 Y 向贯通筋为 _____，施工起拱 _____。

2.①号非贯通纵筋级别为 _____，直径为 _____，间距为 _____，该非贯通筋自支座中线向跨内的伸出长度为 _____。

3.⑤号非贯通纵筋为 _____，钢筋级别为 _____，直径为

_____，间距为_____，该非贯通筋自支座中线向两侧跨内的伸出长度均为_____，由下而上布置_____跨。

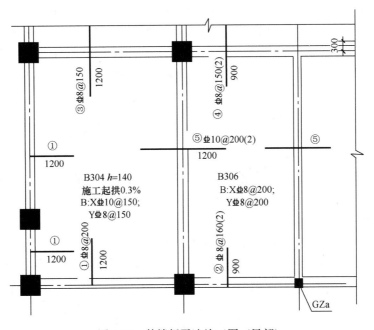

图 6-37 某楼板平法施工图（局部）

任务实训 6.2 依据下列条件，完成图 6-38 填图。

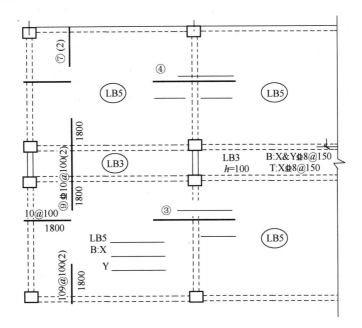

图 6-38 某楼板平法标注

1. 已知 LB5，板厚为 150mm，板下部贯通纵筋：X 向为 Φ 10@135，Y 向为 Φ 10@100，板上部无贯通筋，请将其集中标注填注于图中。

2. 已知③号非贯通纵筋级别为 HRB400，直径为 12mm，间距为 100mm，自支座中线向两侧跨内的伸出长度均为 1800mm，请将其原位标注注写在图中。

3. 已知④号非贯通纵筋级别为 HRB400，直径为 12mm，间距是 120mm，自支座中线向左侧跨内的伸出长度为 1800mm，向右侧跨内的伸出长度为 1600mm，请将其原位标注注写在图中。

任务实训 6.3　能力拓展

模拟施工，答辩考核。

1. 成立队伍：同前项目。

2. 任务布置：在 1 号商业楼板平法施工图中任选一块板，采用废旧纸箱或者泡沫盒模仿梁的位置，进行微模制作。

3. 知识准备

（1）熟读所选板的平面注写内容。

（2）绘制板下部钢筋和板上部钢筋的钢筋排布图（每人一份，计入答辩成绩）。

4. 材料准备：同前。

5. 微模施工：各队成员利用业余时间组织微模施工。

6. 自查互查：微模成型后，各队工长和技术负责组织自查互查，发现问题及时整改。

7. 答辩准备：各施工队在工长的组织下，由技术负责进行对照图纸和微模，对本组成员进行辩前辅导，答辩问题包括集中标注、原位标注和钢筋构造等。要求所有同学必须完成基本识图知识的学习。

8. 现场答辩：分施工队进行，采用每人必答的方式，分数由微模分数（工长和技术负责给出）＋图纸分数＋个人答辩分数组成，给出阶段性成绩。

楼梯平法施工图识读

【目标描述】

通过本任务的学习，学生能够：

（1）熟练地识读现浇楼梯平法工图。

（2）熟练应用《混凝土结构施工图平面整体表示方法制图规则和构造详图（现浇混凝土板式楼梯）》16G101-2 平法图集和结构规范解决实际工程问题。

任务实训：采用实际的施工图纸，学生通过完成实训任务，加强并检验学生们的识图能力和图集、规范的应用能力。

7.1　知识准备

7.1.1　钢筋混凝土楼梯的类型

钢筋混凝土楼梯按施工方式可分为现浇整体式楼梯和预制装配式楼梯。

现浇整体式钢筋混凝土楼梯按结构形式主要包括梁式楼梯、板式楼梯两大类。

1. 板式楼梯

由梯板、梯梁、平台板组成。梯板为斜板，梯板两端支承在梯梁上，如图 7-1 所示。

（1）板式楼梯传力路线：梯板→梯梁→墙或柱。

（2）配筋方式：板下部纵向配置受力钢筋，在梯梁内锚固；垂直于纵向受力钢筋设置分布筋，分布筋在受力钢筋之上。

板式楼梯外观美观，多用于住宅、办公楼、教学楼等建筑。

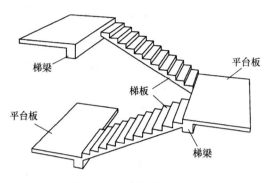

图 7-1　板式楼梯示意图

2. 梁式楼梯

由踏步板、斜梁、梯梁（平台梁）和平台板组成。踏步板支承在斜梁上，斜梁两端支承在梯梁（平台梁）上，如图 7-2 所示。

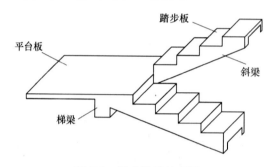

图 7-2　梁式楼梯示意图

（1）梁式楼梯传力路线：踏步板→斜梁→梯梁（平台梁）→墙或柱。

（2）梁式楼梯配筋方式：

梁式楼梯踏步斜板下部横向（即垂直于斜梁方向）配置受力钢筋，垂直于受力钢筋方向设置分布钢筋，分布筋在受力钢筋之上，如图 7-3 所示。

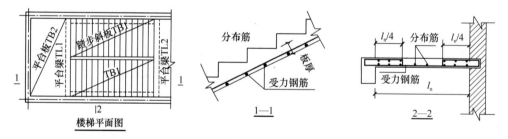

图 7-3　梁式楼梯配筋示意图

7.1.2　现浇混凝土板式楼梯的类型

现浇混凝土板式楼梯又可分 12 种类型，见表 7-1。

板式楼梯类型及特征

表 7-1

梯板代号	适用范围		图　示	说　明
	抗震构造措施	适用结构		
AT	无	剪力墙和砌体结构		梯板完全由踏步段构成
BT	无	剪力墙和砌体结构	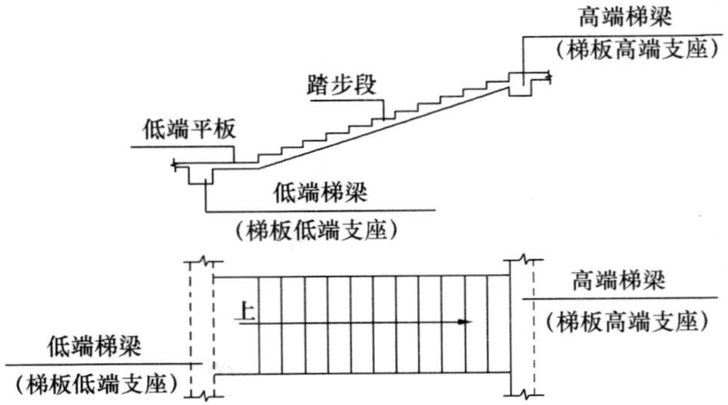	梯板由低端平板和踏步段构成

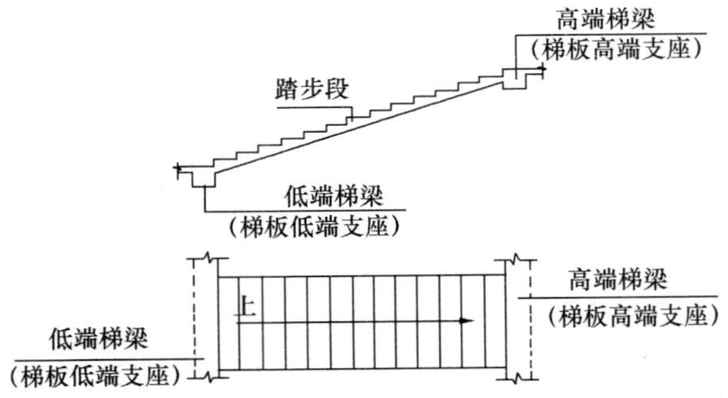

一段带上、下支座的梯板

195

续表

梯板代号	适用范围		图示	说明
	抗震构造措施	适用结构		
CT	无	剪力墙和砌体结构	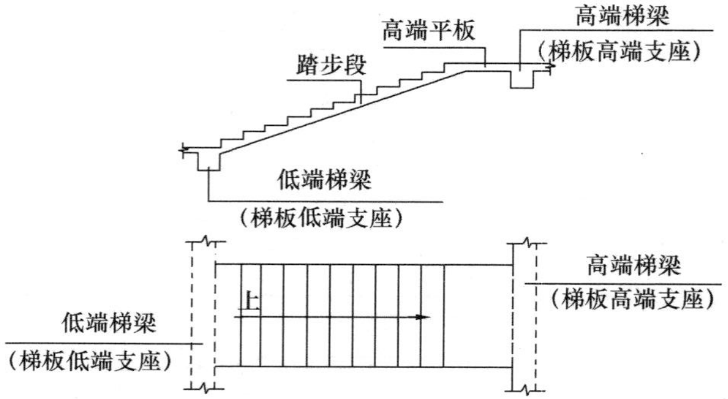	梯板由踏步段和高端平板构成
DT	无	剪力墙和砌体结构	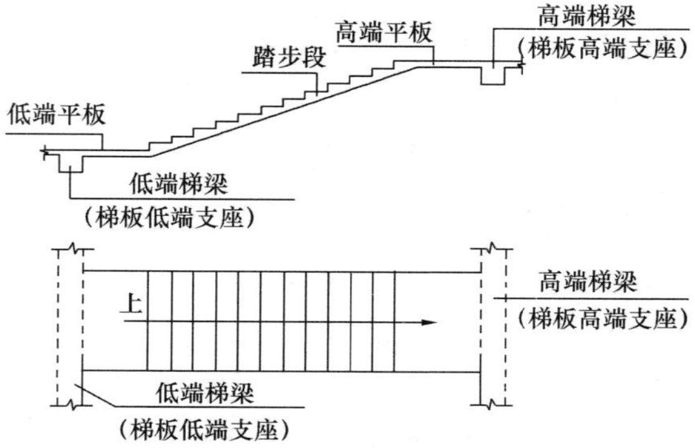	梯板由低端平板、踏步板和高端平板构成

一段带上、下支座的梯板

梯板代号	适用范围		图 示	说 明
	抗震构造措施	适用结构		
ET	无	剪力墙和砌体结构	低端踏步段 低端梯梁（楼层梯梁） 中位平板 高端踏步段 高端梯梁（楼层梯梁） 上 低端梯梁（楼层梯梁） 高端梯梁（楼层梯梁）	一段带上、下支座的梯板；梯板由低端踏步段、中位平板和高端踏步段构成
FT	无	剪力墙和砌体结构	三边支承层间平板 层间梁或砌体墙或剪力墙 踏步段 三边支承楼层平板 楼层梁或砌体墙或剪力墙 三边支承楼层平板 楼层梁或砌体墙或剪力墙 上 层间平板三边支承 下层楼层平板三边支承 上层楼层平板三边支承	两跑踏步段和连接它们的楼层平板及层间平板；（1）梯板由层间平板、踏步段和楼层平板构成。（2）楼板两端的楼层平板和层间平板都采用三边支承

续表

梯板代号	适用范围		图示	说明
	抗震构造措施	适用结构		
GT	无	剪力墙和砌体结构	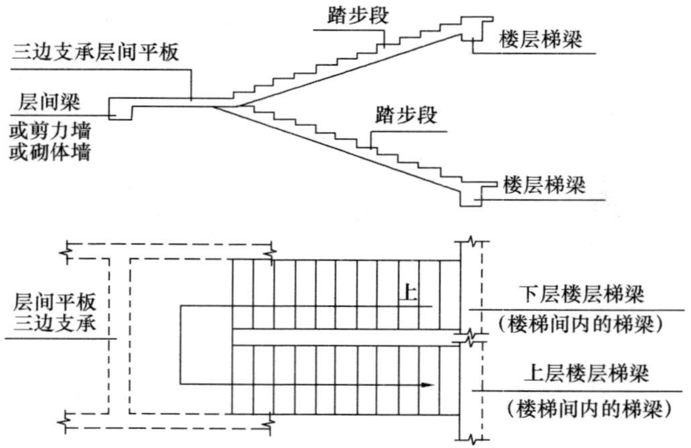 楼层梯梁 踏步段 楼层梯梁 踏步段 三边支承层间平板 层间梁或剪力墙或砌体墙 层间平板三边支承 下层楼层间内的梯梁（楼梯间内的梯梁） 上层楼层间内的梯梁（楼梯间内的梯梁） 上	两跑踏步板和连接它们的楼层平板及层间平板 (1) 梯板由层间平板和踏步段构成。 (2) 梯板一端的层间平板采用三边支承
ATa	有	框架结构和框剪结构中框架部分	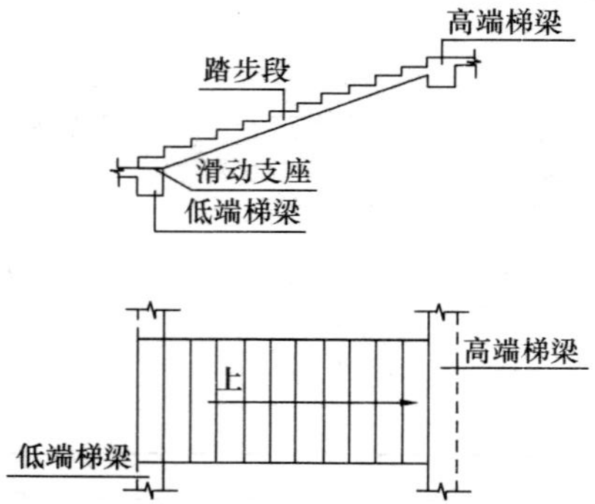 高端梯梁 踏步段 滑动支座 低端梯梁 高端梯梁 低端梯梁 上	(1) 低端带滑动支座的板式楼梯。 (2) 梯板采用双层双向配筋 (1) 梯板完全由踏步段构成。 (2) 梯板低端带滑动支座支承在梯梁上

梯板代号	适用范围		图 示	说 明
	抗震构造措施	适用结构		
ATb	有	框架结构和框架剪力墙结构中框架部分	 高端梯梁 踏步段 滑动支座 低端梯梁 高端梯梁 低端梯梁 上	（1）低端带滑动支座的板式楼梯。 （2）梯板采用双层双向配筋	（1）梯板完全由踏步段构成。 （2）梯板低端带滑动支座支承在挑板上
ATc	有	框架结构和框架剪力墙结构中框架部分	 高端梯梁 踏步段 低端梯梁 高端梯梁 低端梯梁 上		（1）梯板完全由踏步段构成。 （2）楼梯休息平台与主体结构可连接也可脱开。 （3）梯板厚度不宜小于140，梯板采用双层配筋。 （4）梯板两侧宜设置边缘构件（暗梁）。 （5）钢筋均采用符合抗震要求的热轧钢筋

续表

梯板代号	适用范围		图示	说明
	抗震构造措施	适用结构		
CTa	有	框架结构和框剪结构中框架部分	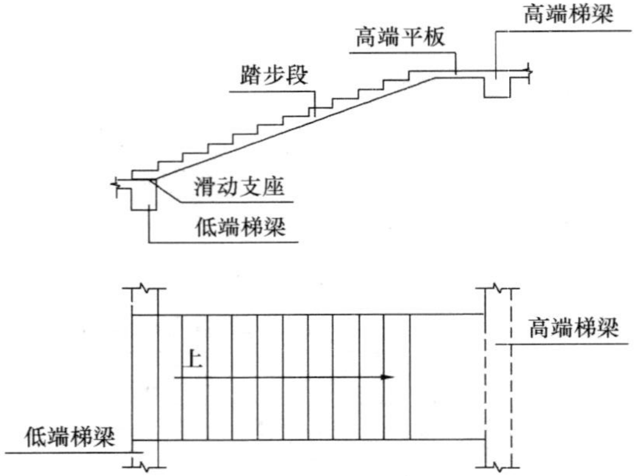	（1）带滑动支座的板式楼梯。 （2）梯板由踏步段和高端平板组成。 （3）梯板采用双层双向配筋 梯板低端带滑动支座支承在梯梁上
CTb	有	框架结构和框剪结构中框架部分	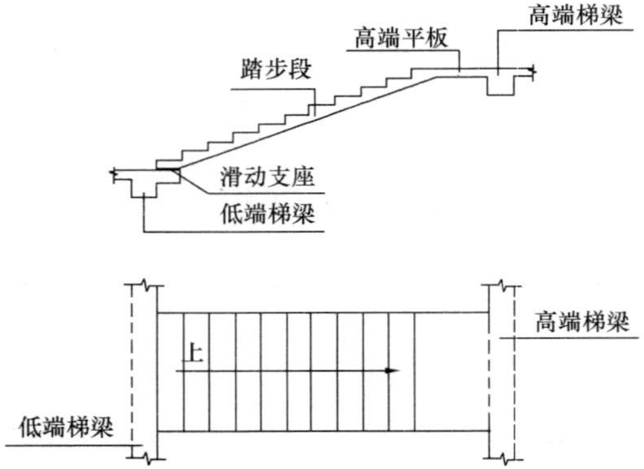	梯板低端带滑动支座支承在挑板上

7.2 现浇混凝土板式楼梯平法施工图的制图规则

现浇混凝土板式楼梯平法施工图有平面注写、剖面注写和列表注写三种表达方式。与楼梯相关的平台板、梯梁、梯柱的注写方式参见本教材其他章节。

楼梯的平面布置图应采用适当比例进行集中绘制，需要时绘制其剖面图。

7.2.1 平面注写方式

平面注写方式系在楼梯平面布置图上注写截面尺寸和配筋具体数值的方式来表达楼梯施工图。包括集中标注和外围标注。

1. 楼梯集中标注

楼梯集中标注的内容有五项：

（1）梯板类型代号与序号，如 AT××。

（2）梯板厚度，注写为 $h=×××$。当为带平板的梯板且梯段板厚度和平板厚度不同时，可在梯段板厚度后面括号内以字母 P 打头注写平板厚度。

【例 7-1】 $h=130$（P150），130 表示梯段板厚度，150 表示梯板平板段的厚度。

（3）踏步段总高度和踏步级数，之间以"/"分隔。

（4）梯板支座上部纵筋、下部纵筋，之间以";"分隔。

（5）梯板分布筋，以 F 打头注写分布钢筋具体值，该项也可在图中统一说明。

【例 7-2】 如图 7-4 所示，楼梯的集中标注为：BT3　$h=120$，1600/10；Φ 10

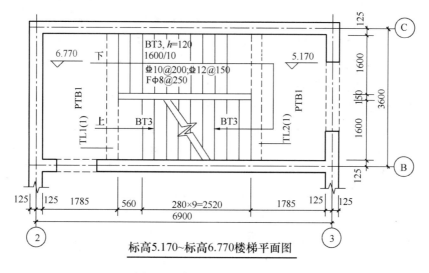

标高5.170~标高6.770楼梯平面图

图 7-4　楼梯平面注写方式示例

@200；Φ 12@150；Fϕ 8@250。

表示 3 号 BT 型楼梯，梯板厚度 120mm，踏步段总高度为 1600mm，踏步级数为 10 级；梯板低端和高端的上部纵筋为Φ 10@200，下部纵筋为Φ 12@150，分布筋为ϕ 8@250。

2. 楼梯外围标注

楼梯外围标注包括楼梯间的平面尺寸、楼层结构标高、层间结构标高、楼梯的上下方向、楼梯的平面几何尺寸、平台板配筋、梯梁及梯柱配筋等。

【例 7-3】如图 7-4 所示，图中外围标注表示：

楼梯间的开间为 6900mm，进深为 3600mm；层间休息平台板（PTB1）顶结构标高为 5.170，楼层休息平台板（PTB1）顶结构标高为 6.770；梯段净宽为 1600mm，踏步段水平长为 2520mm，踏步宽为 280mm，低端平板宽度为 560mm。

7.2.2 剖面注写方式

剖面注写方式系在楼梯平法施工图中绘制楼梯平面布置图和楼梯剖面图，注写方式分平面注写、剖面注写两部分。

1. 楼梯平面布置图

楼梯平面布置图注写内容包括：楼梯间的平面尺寸、楼层结构标高、层间结构标高、楼梯的上下方向、梯板的平面几何尺寸、梯板类型及编号、平台板配筋、梯梁及梯柱配筋等，如图 7-5 所示。

【例 7-4】图 7-5 中，标高−0.860～标高−0.030 楼梯平面图注写内容为：

楼梯间的开间为 3100mm，进深为 5700mm；梯板分别为 AT1 和 DT1，DT1 梯段净宽为 1410mm，踏步段水平长为 1120mm，踏步宽为 280mm，低端平板宽度为 840mm，高端平板宽度为 280mm（AT1 梯板的平面几何尺寸见标高 1.450～标高 2.770 楼梯平面图）；层间和楼层休息平台板均为 PTB1，层间休息平台板顶标高为−0.860，楼层休息平台板顶标高为−0.030；平台板配筋见标高 1.450～标高 2.770 楼梯平面图；梯梁为 TL1，一跨，截面尺寸为 250mm×350mm，上部纵筋为 2Φ 12，下部纵筋筋为 2Φ 18，箍筋为ϕ 8@200。

2. 楼梯剖面图

楼梯剖面图注写内容包括：梯板集中标注（同平面注写方式）、梯梁梯柱编号、梯板水平及竖向尺寸、楼层结构标高、层间结构标高等，如图 7-6 所示。

【例 7-5】图 7-6 中，梯板 DT1 的注写内容为：

梯板 DT1 的集中标注为：1 号 DT 型楼梯，板厚 $h=100$mm，板上部纵筋为Φ 8@200；板下部纵筋为Φ 8@150，分布筋为 Fϕ 6@150

踏步段水平长为 1120mm，踏步宽为 280mm，低端平板宽度为 840mm，高端平板宽度为 280mm，踏步段总高度为 830mm，踏步级数为 5 级；层间休息平台板顶标高为−0.860，楼层休息平台板顶标高为−0.030；梯梁为 TL1。

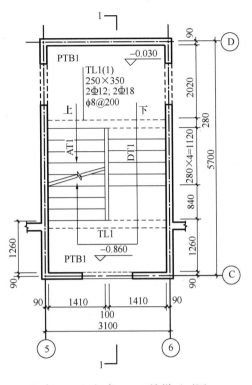

标高−0.860~标高−0.030楼梯平面图

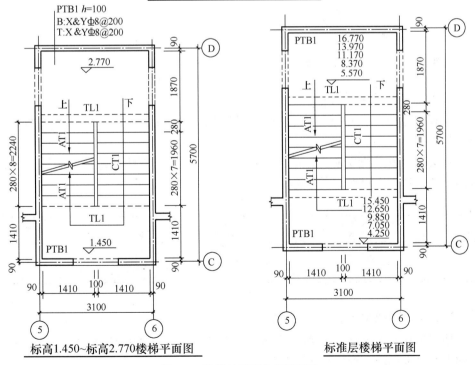

标高1.450~标高2.770楼梯平面图

标准层楼梯平面图

图 7-5 楼梯的平面布置图示意

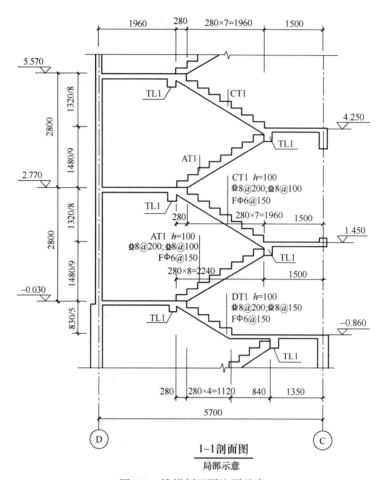

图 7-6　楼梯剖面图注写示意

7.2.3　列表注写方式

列表注写方式系用列表方式注写梯板截面尺寸和配筋具体数值的方式来表达楼梯施工图。

列表注写方式的具体要求同剖面注写方式，仅将剖面注写方式中的梯板配筋注写项改为列表注写项即可，见表 7-2。

梯板列表　　　　　　　　　　　　　　　　　　　　　表 7-2

梯板编号	踏步段总高度/踏步级数	板厚 h	上部纵向钢筋	下部纵向钢筋	分布筋
AT1	1480/9	100	Φ 8@200	Φ 8@100	Φ 6@150
CT1	1320/8	100	Φ 8@200	Φ 8@100	Φ 6@150
DT1	830/5	100	Φ 8@200	Φ 8@150	Φ 6@150

7.2.4　楼梯平台板、平台梁

楼层平台梁板配筋可绘制在楼梯平面图中，也可在各层梁板配筋图中绘制；层间平台梁板配筋在楼梯平面图中绘制。

【例 7-6】 图 7-5 中标高 1.450～标高 2.770 楼梯平面图，层间平台板 PTB1 集

中标注：PTB1 $h=100$ B：X&Y Φ 8@200 T：X&Y Φ@200。

层间平台梁为 TL1。

7.3 楼梯平法施工图梯板的配筋构造

7.3.1 AT 型楼梯

1. 适用条件

两梯梁之间的矩形梯板全部由踏步段构成，即踏步段两端均以梯梁为支座。

2. 配筋构造

AT 型楼梯板的配筋构造，如图 7-7 所示。

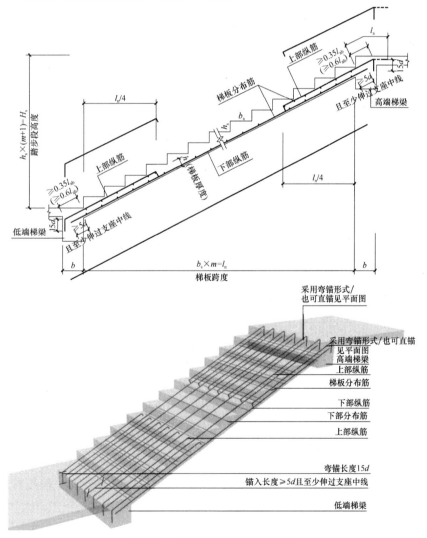

图 7-7 AT 型楼梯梯板钢筋构造

【例 7-7】 图 7-8 所示的 AT1 型楼梯，其梯板相关钢筋的构造，如图 7-9 所示。

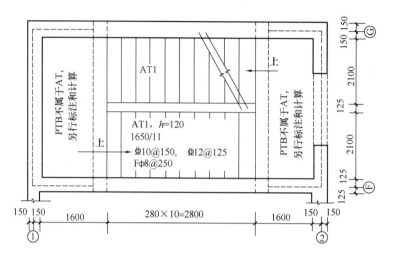

图 7-8 楼梯结构平面图

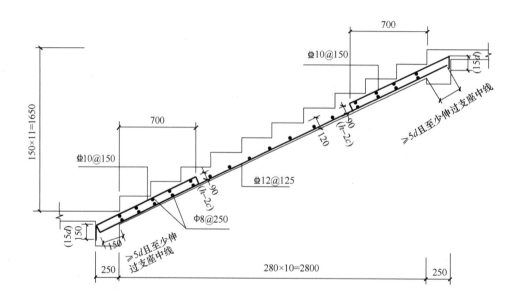

图 7-9 梯板剖面图

7.3.2 BT 型楼梯

1. 适用条件

两梯梁之间的矩形梯板由低端平板和踏步段构成，两部分的一端各自以梯梁为支座。

2. 配筋构造

BT 型楼梯板的配筋构造，如图 7-10 所示。

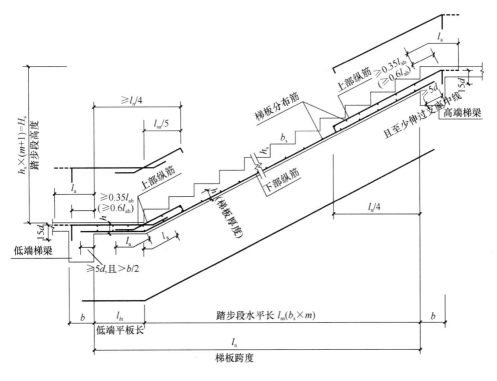

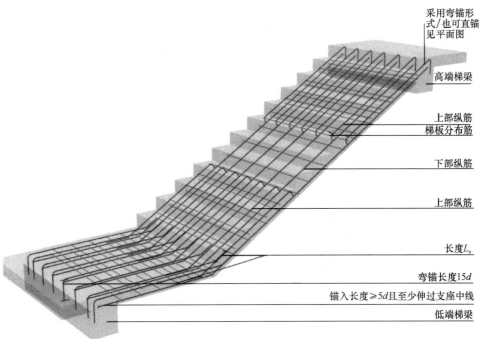

图 7-10 BT 型楼梯梯板钢筋构造

7.3.3 CT 型楼梯

1. 适用条件

两梯梁之间的矩形梯板由踏步段和高端平板构成，两部分的一端各自以梯梁为支座，凡是满足该条件的楼梯均可为 CT 型。

2. 配筋构造

CT 型楼梯板的配筋构造如图 7-11 所示。

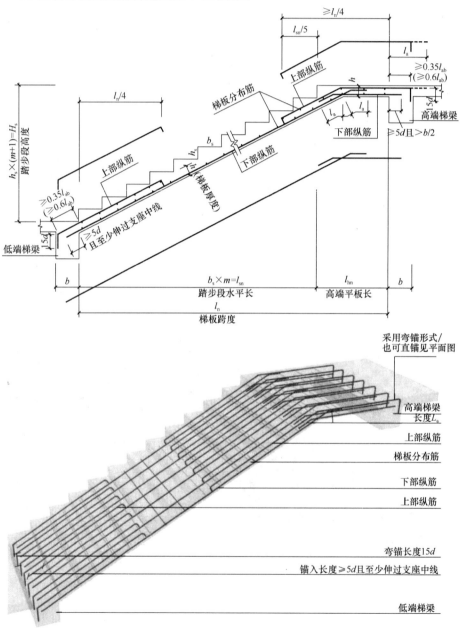

图 7-11　CT 型楼梯梯板钢筋构造

7.3.4 DT型楼梯

1. 适用条件

两梯梁之间的矩形梯板由低端平板、踏步段和高端平板构成，高、低端平板的一端各自以梯梁为支座，凡是满足该条件的楼梯均可为DT型。

2. 配筋构造

DT型楼梯板的配筋构造如图7-12所示。

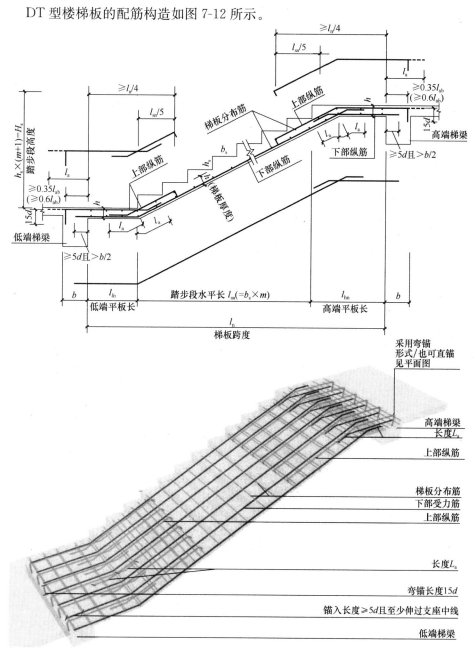

图7-12 DT型楼梯梯板钢筋构造

7.3.5 ET型楼梯

1. 适用条件

两梯梁之间的矩形梯板由低端踏步段、中位平板和高端踏步段构成，高、低端踏步段的一端各自以梯梁为支座，凡是满足该条件的楼梯均可为 ET 型。

2. 配筋构造

ET 型楼梯板的配筋构造如图 7-13 所示。

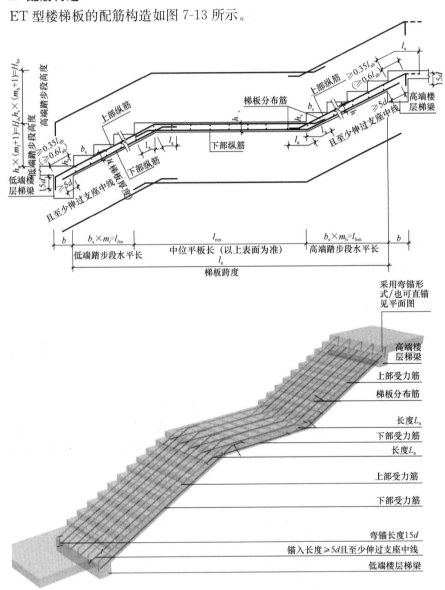

图 7-13　ET 型楼梯梯板钢筋构造

注：（1）梯板踏步内钢筋长度的计算方法：钢筋斜长＝水平长度×k

$$k = \frac{\sqrt{bs^2 + h^2 s}}{bs}$$

（2）梯板上部纵筋锚固长度 $0.35l_{ab}$ 用于设计按铰接的情况，括号内数据 $0.6l_{ab}$ 用于设计考虑充分发挥钢筋抗拉强度的情况，具体工程中设计应指明采用何种情况。

7.3.6 楼梯的其他钢筋构造

1. 梯梁节点处钢筋排布构造

梯梁节点处钢筋排布构造如图 7-14 所示。

（1）上部纵筋锚固长度 $0.35l_{ab}$ 用于设计按铰接的情况，括号内数据 $0.6l_{ab}$ 用于设计考虑充分发挥钢筋抗拉强度的情况，具体工程中设计应指明采用何种情况。

（2）梯板、平板上部纵筋需伸至支座对边再向下弯折。

（3）s 为所对应板钢筋间距。

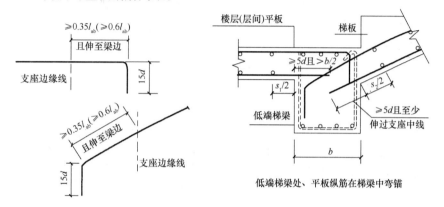

图 7-14　梯梁节点处钢筋排布构造详图

2. 各型楼梯第一跑与基础连接构造

各型楼梯第一跑与基础连接构造如图 7-15 所示。

上部纵筋锚固长度 $0.35l_{ab}$ 用于设计按铰接的情况，括号内数据 $0.6l_{ab}$ 用于设计考虑充分发挥钢筋抗拉强度的情况，具体工程中设计应指明采用何种情况。

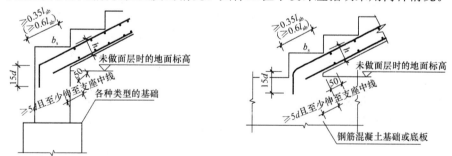

图 7-15　各型楼梯第一跑与基础连接构造

7.4　知识拓展

此项拓展的目的：除让学生们熟练阅读建筑工程常用的 AT、BT、CT、DT

和 ET 等一跑楼梯建筑施工图外，帮助学生熟悉其他类型楼梯的注写和钢筋构造。

7.4.1　FT 型楼梯

1. 适用条件

（1）矩形梯板由楼层平板、两跑踏步段与层间平板三部分构成，楼梯间内不设置梯梁；

（2）楼层平板及层间平板均采用三边支撑，另一边与踏步相连；

（3）同一楼层内各踏步段的水平长相等，高度相等（即等分楼层高度）。凡是满足以上条件的可为 FT 型。

2. 配筋构造

FT 型楼梯板的配筋构造如图 7-16、图 7-17 所示。

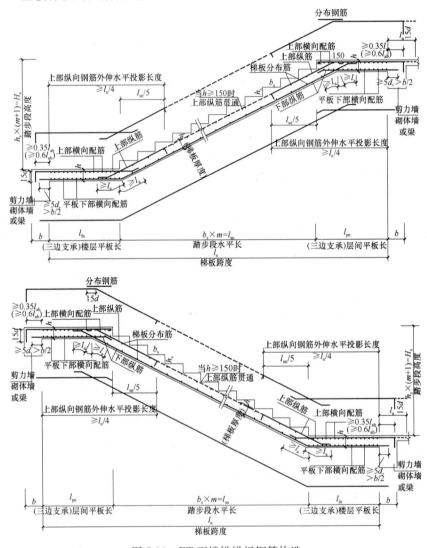

图 7-16　FT 型楼梯梯板钢筋构造

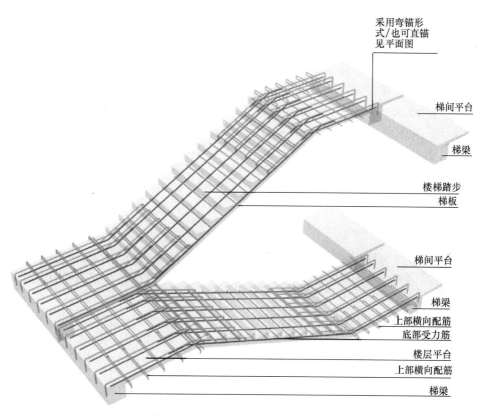

图 7-17　FT 型楼梯梯板钢筋空间排布图

3. FT 型平面注写方式

FT 型平面注写方式如图 7-18 所示。

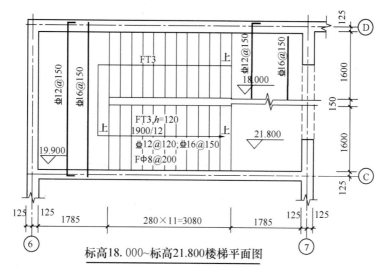

标高18.000~标高21.800楼梯平面图

图 7-18　标高 18.000~21.800 楼梯平面图

213

钢筋 混凝土 结构 平法 施工图 识读

GANGJIN HUNNINGTU JIEGOU PINGFA SHIGONGTU SHIDU

【例 7-8】如图 7-18 所示，表示 3 号 FT 型楼梯，梯板厚度 120mm，踏步段总高度为 1900mm，踏步级数为 12 级；梯板低端和高端的上部纵筋为Ⓐ12@120，下部纵筋为Ⓐ16@150，分布筋为Φ8@200。

外围标注表示：

层间平板宽度为 1785mm，结构标高为 19.900；楼层平板宽度为 1785mm，板顶结构标高为 21.800（18.000）；楼层与层间平板上部横向配筋为Ⓐ12@150，下部横向配筋为Ⓐ16@150；梯段净宽为 1600mm，踏步段水平长为 3080mm，踏步宽为 280mm。

7.4.2 ATc 型楼梯

1. 适用条件

两梯梁之间的矩形梯板全部由踏步段构成，即踏步段两端均以梯梁为支座。框架结构中，楼梯中间平台通常设梯柱、梯梁，中间平台可与框架柱连接（2 个梯柱形式）或脱开（4 个梯柱形式），如图 7-19 所示。ATc 型楼梯参与结构整体抗震计算。

【例 7-9】楼梯的集中标注为：ATc1，$h=140$，1800/11；Ⓐ12@150；Ⓐ12@150，FΦ8@250，6Ⓐ12；Φ6@200。

表示 1 号 ATc 型楼梯，梯板厚度 140mm，踏步段总高度为 1800mm，踏步级数为 11 级；梯板低端和高端的上部纵筋为Ⓐ12@150，下部纵筋为Ⓐ12@150，分布筋为Φ8@250；梯板两侧边缘构件纵向钢筋为 6Ⓐ12，箍筋为Φ6@200。

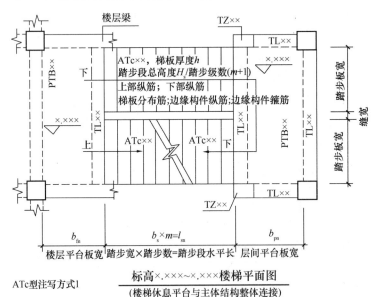

图 7-19 ATc 型楼梯平面注写（一）

注：ATc 型楼梯集中注写内容除了前五项外，第六项为边缘构件纵筋及箍筋。

214

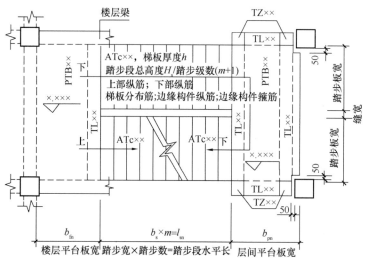

图 7-19 ATc 型楼梯平面注写（二）

注：ATc 型楼梯集中注写内容除了前五项外，第六项为边缘构件纵筋及箍筋。

2. 配筋构造

ATc 型楼梯板的配筋构造如图 7-20 所示。

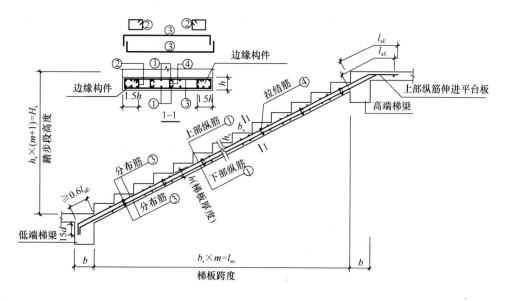

图 7-20 ATc 型楼梯梯板钢筋构造（一）

注：梯板拉结筋ϕ6，拉结筋间距为 600。

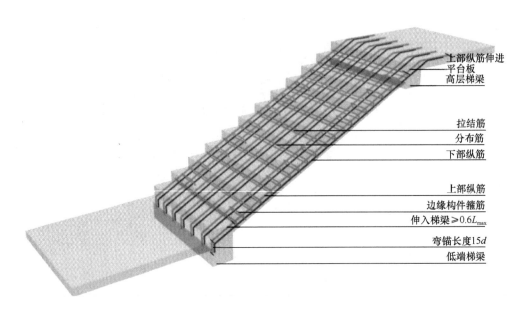

图 7-20　ATc 型楼梯梯板钢筋构造（二）

注：梯板拉结筋φ 6，拉结筋间距为 600。

任务实训 7　楼梯平法施工图集训

任务实训 7.1　依据图 7-21 完成填空。

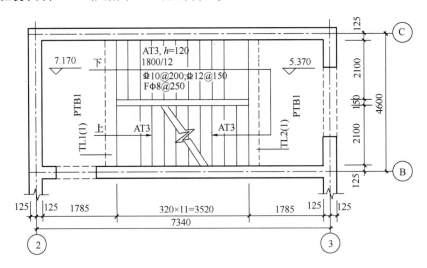

图 7-21　梯板结构平面图

1. 楼梯板跨度为_____，梯板净宽度为_____，梯板厚度为_____，踏步宽度为_____，踏步总高度为_____，踏步级数为_____，踏步高度为_____。

2. 梯板下部纵筋为_____，间距为_____，分布筋为_____；梯板上部纵筋为_____，间距为_____，分布筋为_____。

任务实训 7.2　完成图 7-22 楼梯结构图平面图的注写

【注写条件】

1. AT2 梯板厚度 h 为 150mm，踏步宽度为 270mm，踏步总高度为 2400mm，踏步高度为 150mm；梯板上部纵筋为Φ14@120，分布筋为ϕ8@200；梯板下部纵筋为Φ12@120，分布筋为ϕ8@200；

2. BT1 梯板厚度 h 为 150mm，踏步宽度为 270mm，踏步总高度为 1950mm，踏步高度为 150mm；梯板上部纵筋为Φ14@120，分布筋为ϕ8@200；梯板下部纵筋为Φ12@120，分布筋为ϕ8@200。

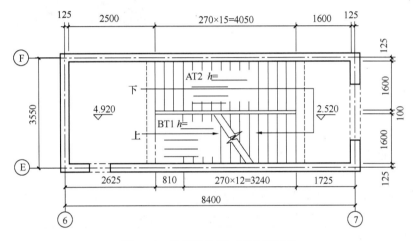

图 7-22　梯板结构平面图注写任务

任务实训 7.3　能力拓展

模拟施工，答辩考核。

1. 成立施工队：沿用以前项目施工队的组织机构。

2. 任务布置，各队按 1 号商业楼楼梯平法施工图进行微模制作。

3. 知识准备：

（1）熟读楼梯平法施工图的注写内容。

（2）绘制楼梯纵剖面配筋图（每人一份，计入答辩成绩）。

4. 材料准备：同前项目。

5. 微模施工：采用翻转课堂的形式，各队成员利用业余时间组织微模施工。

6. 自查互查：微模成型后各队工长和技术负责组织自查互查，发现问题进行整改。

7. 辩前准备：各施工队在工长的组织下，由技术负责进行对照图纸和微模，对本组成员进行辩前辅导，答辩问题包括集中标注、外围标注和钢筋构造。要求所有同学必须完成基本识图知识的学习。

8. 现场答辩及评分方法同前。

综合实训

【目标描述】

通过本任务的学习，学生能够：

（1）熟悉钢筋混凝土平法施工图整套图纸的组成以及读图顺序，领会设计者在设计总说明和设计说明中的意图。把原来每个项目所学习的单一构件知识综合成为一个结构整体。

（2）以完整的实际施工图为载体，通过综合集训，进一步强化同学们对图纸的理解和对图集规范的应用能力。

综合实训：采用实际的施工图纸，学生通过完成集训任务，加强和检验学生们的识图能力。

8.1 结构施工图的读图方法

一套完整的施工图是由建筑施工图、结构施工图、给水排水施工图、空调通风和电气施工图以及说明等组成的完整设计文件。

本项目结合 1 号商业楼一套完整的建筑施工图和结构施工图，通过综合的读图训练提高学生们的读图能力和对规范、图集的应用能力。

1. 先读建筑施工图，后读结构施工图

两者结合，更有利于结构施工图的理解。

2. 先看目录，后看具体图纸

对照目录去找想看的图纸，从而全面了解图纸的序号、名称、图幅大小、图纸张数等，做到对图纸的组成了然于胸。

3. 先读结构设计总说明，后读构件施工图

结构设计总说明涵盖的内容非常广泛，先从整体上对本工程的基本情况（如工程概况、设计采用的规范、规程及标准图、参数取值等等）进行全面的了解，做到施工或预算时有的放矢。

4. 先读基础，后读墙柱，再读梁板

根据房屋施工的先后顺序，从基础、墙柱、梁板从前向后读图。

5. 先整体，后局部，再节点详图

具体到每一张结构施工图，打开图纸先看整体轴线布局，设计说明等，然后按着轴线顺序依次阅读图纸信息，涉及节点详图的部分查看相应的节点详图确定详细做法。

8.2　阅读结构设计总说明

结构设计总说明中重点阅读以下内容：

1. 总则

主要叙述工程概况：包括工程项目名称、工程项目地点、工程项目结构形式及基础的结构形式、建筑物高度、有无地下室以及设计±0.000 标高所对应的绝对标高等。

2. 设计依据

主要包括设计采用的规范、规程及标准图等，同时包括计算软件的版本。

3. 十大参数取值

（1）设计使用年限

（2）耐火等级

（3）抗震设防烈度

（4）抗震设防类别

（5）抗震等级

（6）场地类别

（7）基础的设计等级

（8）设计使用年限

（9）地下室防水等级

（10）砌体施工质量控制等级

4. 主要荷载取值

（1）楼（屋）面活荷载、特殊设备荷载、风荷载、雪荷载等。

（2）地震作用（包括设计基本地震加速度、设计地震分组）。

5. 主要建筑材料的技术指标

（1）钢材

包括对钢筋种类、钢绞线或高强钢丝种类、钢材牌号以及相应的设计要求。

（2）混凝土

主要包括各构件混凝土强度等级的选用、防水混凝土的抗渗等级等。

6. 混凝土环境类别及耐久性要求

包括建筑物的环境类别、建筑物的耐火等级、防腐以及施工安装的要求等。

7. 受力钢筋保护层厚度及相应钢筋构造

主要包括：

（1）受力钢筋混凝土保护层厚度。

（2）钢筋的锚固、连接的构造要求。

（3）钢材的焊接、预埋件及吊环的材料要求。

8. 二次结构部分

（1）块材和砂浆的强度等级。

（2）圈梁和构造柱的设置及其相应的构造要求。

（3）砌体填充墙的砌筑要求。

9. 地基基础部分

（1）场地主要土层情况及持力层的选择。

（2）基坑开挖要求，埋置深度范围内如有地下水建议降水措施。

（3）基础施工前进行验槽的要求。

10. 主要构件的细部构造

（1）主要构件采用规范图集所选用的形式。如梁柱箍筋的形式、附加箍筋与附加吊筋的设置以及悬挑梁钢筋构造等。

（2）构件相交处的钢筋排放原则。

（3）与图集不同或者规范图集中没有的钢筋构造。

（4）后浇带的位置及做法。

11. 专业配合要求

包括电梯及装饰预埋件、设备留洞、电气避雷措施和沉降观测措施。

12. 绿色建筑

主要是节能、节材与材料资源的利用，采取的保护环境和减少污染措施等。

综合实训 8.1　设计总说明部分

依据附图中"1号商业楼结构施工图"，回答以下问题：

1. 本工程为1号商业楼，其结构形式为_____，基础的结构形式为_____，建筑物高度为_____，地上____层，局部____层，±0.000标高所对应的绝对标高为_____。

2. 该建筑物设计使用年限为_____，抗震设防烈度为____，抗震设防类别_____，抗震等级_____，场地类别_____，基础的设计等级为_____。设计使用年限_____。

3. 钢筋的强度标准值应具有不小于____的保证率。结构用钢材应符合_____要求。

4. 受力预埋件的钢筋应采用_____或_____级钢筋，严禁采用

_____。

5. 结构中各构件的混凝土强度等级分别为：基础垫层_____、基础_____、梁板柱_____、过梁、圈梁、构造柱_____、楼梯_____，防潮层_____。

6. 本结构中一类环境中楼板的保护层厚度为_____，梁和柱的保护层厚度为_____。水池迎水面的纵筋保护层厚度为_____，水池背水面的纵筋保护层厚度为_____。

7. 钢筋直径 $d \geqslant 16$ 时，应采用_____的连接方法，钢筋直径 $d < 16$ 时，对于三级抗震的底层框架柱应采用_____的连接方法，对于三级抗震的其他各层，可采用非焊接的搭接接头，优先采用_____。

8. 楼层梁和板的纵筋需要连接时，上部纵筋一般在_____范围内进行连接，下部纵筋一般在_____进行连接或锚固在支座内。基础梁的上部纵筋一般在_____或锚固在支座内，下部纵筋一般在_____范围内进行连接。

9. 楼板内的分布钢筋，当板厚为 100mm 时，为_____；当板厚为 120mm 时，为____。

10. 依据地质勘察资料，选择新近沉积粉土层作为地基的持力层，其地基承载能力为_____，基础开槽至设计垫层底标高，若未遇到持力层，继续开挖至持力层，用_____换填至设计标高。

11. 板短向跨度 $\geqslant 4m$ 时，要求板跨中按____起拱，悬挑板按_____起拱。

12. 现浇板上留有孔洞时，当洞口尺寸_____时（图中未标注）不另加钢筋，板内钢筋由洞边绕过不得截断；当洞口尺寸大于 300mm，不大于 1000mm 时应按设计要求加设_____或_____。

13. 梁柱节点核芯区的箍筋除图中注明者外，均与_____相同，间距同_____。

14. 当填充墙体高度超过 4m，120、150 厚砖墙高度超过 2.5m 时，应在墙体半高或门窗洞口上皮设置与柱连接且沿墙全长贯通的钢筋混凝土水平圈梁一道，其截面尺寸为_____，纵筋总数_____，箍筋_____，与圈梁相接的主体结构应_____。

15. 填充墙长 $> 8m$ 或超过层高 2 倍时，在墙体中部设置_____；当填充墙端部无主体结构或垂直墙体与之拉结时，端部宜设置_____；其截面尺寸为_____，纵筋为_____，箍筋为_____，构造柱搭接长度范围内箍筋间距为_____。

16. 过梁长度 = _____，$l_0 < 3000$ 时，a = _____；$l_0 \geqslant 3000$ 时，a = _____。

17. 当洞口净跨 $l_n = 1200mm$ 时，过梁截面尺寸为_____，梁上筋为_____，梁下筋为_____，箍筋为_____，过梁的支承长度为_____。

18. 除图中注明者外，后浇带钢筋应按_____，封闭后浇带的混凝土应采用比两侧混凝土强度等级_____补偿性收缩混凝土。

综合实训8.2　主体结构部分

一、基础施工图部分

1. 基础施工图中，基础的类型为_____，采用的是_____注写方式。

2. DJ-1的基底标高为____，基础采用____形基础，基础底板厚度为_____，基础底面尺寸为_____，轴线是否居中（是或否）_____，基础底板钢筋为_____，X向钢筋长度应取_____交错布置，Y向钢筋长度应取_____交错布置。

3. DJ-3为独立基础，基础底板底面标高为_____，基础底板厚度为_____，基础底板配筋：X向_____，Y向_____；X方向钢筋长度为_____，Y方向钢筋长度为_____，施工时，____方向钢筋在下，____方向钢筋在上。

4. 地梁顶面标高为_____，本工程±0.000相当于绝对标高_____。

5. 柱纵筋需在基础内设置插筋，①轴上的KZ2的柱角筋为_____，插入基础底板钢筋网片上弯折，其弯折长度为_____。基础内插筋范围内至少设置____封闭箍筋（非复合箍）间距_____。

6. 本工程基础的设计等级为_____，混凝土强度等级为_____，垫层强度等级为_____，垫层厚_____，周圈伸出基础_____。

二、柱施工图部分

1. 该柱平法施工图采用的是_____注写方式。

2. ⓐ轴与③轴交点处的框架柱，一层的柱编号为_____，起止标高为_____，柱截面尺寸为_____，轴线是否居中（是或否）_____，柱纵筋：角筋为_____，b边中部筋为_____，箍筋为_____；二层柱编号为_____，柱段的起止标高为_____，截面尺寸为_____，轴线是否居中（是或否）_____，柱纵筋为_____，柱箍筋为_____。

3. ⓐ轴与③轴交点处的框架柱与二层框架梁的节点内，柱箍筋是否设置____（是或否），如需设置，应采用_____的箍筋。

三、梁平法施工图

1. 该梁平法施工图采用的是_____注写方式。

2. 参照结施-04，⑤轴上的KL6(2A)的含义为_____，梁上部的贯通筋为_____，该梁第一跨截面尺寸为_____，下部纵筋为_____，是否有构造钢筋（是或否）____；第二跨截面尺寸为_____，下部纵筋为_____，构造钢筋为_____；悬挑端截面尺寸为_____，上部钢筋为_____，下部钢筋为_____，箍筋为_____。

3. 框架梁和柱相交的节点区梁箍筋是否设置_____，框架梁第一道箍筋应从柱边____设置。

4. ⓐ轴和ⓑ轴间的非框架梁Lb(11)，与框架梁相交处，应在框架梁上设置_____，其数量为_____，直径同梁箍筋。非框架梁第一根箍筋应从框架梁边____开始设置。

四、板平法施工图

1. 该板平法施工图采用的是_____注写方式。

2. 结施-03 的板平法施工图中，未注明的板厚为_____，未注明的板顶标高为____。未注明的板下部贯通筋 X 向为____，Y 向为_____，未注明的板支座上部非贯通筋为_____，分布筋为_____。

3. 结施-03 的板平法施工图中，①轴和②轴间ⓒ轴下的板块板厚为_____，板下部 Y 向为_____，X 向为_____，ⓒ外有悬挑板，悬挑板的平面尺寸为_____悬挑板上部 Y 方向为_____，采用_____的钢筋，内侧向板内的伸出长度为_____，板底部是否设置构造钢筋_____。

4. 结施-03 的①轴位置处设置_____GZ3，其截面尺寸为_____，柱纵筋为_____，柱箍筋为____。

5. 结施-03 中在_____设置后浇带，后浇带的宽度为_____，后浇带的留筋方式是为_____。

6. 结施-06 的屋面板未注明的板厚为____，二层顶板标高为_____，坡屋面的顶板标高随坡。坡屋顶底标高为_____，屋脊顶标高为_____，坡屋顶板厚为____，其板顶面配筋为_____。

五、楼梯平法施工图

1. 该楼梯的平法施工图采用的是_____注写方式。

2. 该楼梯的结构形式为现浇_____（板式或梁式），其类型为____。

3. AT1 型楼梯板厚为_____，梯板宽度为____，板下部纵向钢筋为_____，板上部设置通长纵向钢筋为_____，分布筋为_____，踏步段总高度为_____，踏步高为____，梯板跨度为_____，踏步宽为_____。

4. TZ-2 的截面尺寸为_____，柱纵筋为_____，箍筋为_____。

5. TL-a 的截面尺寸为_____，梁上部纵筋为_____，梁下部纵筋为_____，箍筋为_____。

6. 平台板的板厚为_____，配筋为_____。

数字资源页

梁内钢筋设置动画

板内钢筋设置动画

柱内钢筋设置动画

参 考 文 献

[1] 中华人民共和国住房和城乡建设部. GB 50010—2010 混凝土结构设计规范(2015 年局部修订)[S]. 北京：中国建筑工业出版社，2015.

[2] 中华人民共和国住房和城乡建设部. GB 50011—2010 建筑抗震设计规范(2016 年版)[S]. 北京：中国建筑工业出版社，2016.

[3] 中华人民共和国住房和城乡建设部. GB 50666—2011 混凝土结构工程施工规范[S]. 北京：中国建筑工业出版社，2011.

[4] 中华人民共和国住房和城乡建设部. GB 50007—2011 建筑地基基础设计规范[S]. 北京：中国建筑工业出版社，2011.

[5] 中华人民共和国住房和城乡建设部. GB 50068—2018 建筑结构可靠性设计统一标准[S]. 北京：中国建筑工业出版社，2018.

[6] 中华人民共和国住房和城乡建设部. JGJ 3—2010 高层建筑混凝土结构技术规程[S]. 北京：中国建筑工业出版社，2011.

[7] 中国建筑标准研究院. 混凝土结构施工图平面整体表示方法制图规则和构造详图(16G101-1、2、3)[M]. 北京：中国计划出版社，2016.

[8] 中国建筑标准研究院. 混凝土结构施工钢筋排布规则与构造详图(18G901-1、2、3)[M]. 北京：中国计划出版社，2018.